| 数据分析与决策技术丛书 |

智能数据分析

入门、实战与平台构建

陈雪莹 著

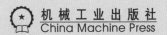

机械工业出版社
China Machine Press

图书在版编目（CIP）数据

智能数据分析：入门、实战与平台构建 / 陈雪莹著 . -- 北京：机械工业出版社，2022.8
（数据分析与决策技术丛书）
ISBN 978-7-111-71064-6

Ⅰ. ①智… Ⅱ. ①陈… Ⅲ. ①数据处理 Ⅳ. ① TP274

中国版本图书馆 CIP 数据核字（2022）第 110087 号

智能数据分析：入门、实战与平台构建

出版发行：机械工业出版社（北京市西城区百万庄大街 22 号　邮政编码：100037）
责任编辑：董惠芝　　　　　　　　　　　　　责任校对：马荣敏
印　　刷：北京瑞禾彩色印刷有限公司　　　版　　次：2022 年 8 月第 1 版第 1 次印刷
开　　本：186mm×240mm　1/16　　　　　印　　张：15
书　　号：ISBN 978-7-111-71064-6　　　　定　　价：119.00 元

客服电话：(010) 88361066　88379833　68326294　　　投稿热线：(010) 88379604
华章网站：www.hzbook.com　　　　　　　　　　　　　读者信箱：hzjsj@hzbook.com

为什么要写这本书

"数据是 21 世纪的石油，而分析则是内燃机。"

——Gartner 研究院高级副总裁 Peter Sondergaard

数据被类比为石油，是不可或缺的资源。企业、组织乃至社会的发展都离不开数据，只有找到合适的"内燃机"，才能真正让数据为我所用，发挥其真正的价值。这就是分析的重要性。

近年来，数字化经营、企业数字化转型已经成为耳熟能详的词汇，也是各大企业、组织争相追逐的方向及目标。我曾经扎根在企业管理信息系统的实施前线，并转而做了数据分析类产品经理，因此关于数据分析，我有太多的话要说。

在助力各大企业数字化转型过程中，我也在不断完善数字化平台，总结数据分析、数据管理、数字化经营的相关经验。经过多年的总结，我写下了这本书，希望能够给有数据分析相关需求的你们带来一些帮助。

数据分析离不开大数据技术。随着技术的发展，大数据已经逐步从以前的概念炒作期转变为落地实用期，世界也在从 IT 时代向 DT 时代转变，凡事"用数据说话"。在此过程中，人们越来越追求分析的敏捷性、响应的及时性以及分析过程的智能化，传统的数据分析已经难以满足日益增长的需求。但是对于智能化分析，绝大多数企业仍处于探索阶段，市面上对智能数据分析进行总结的书籍品种也非常稀缺。

所以，希望本书中的智能数据分析案例及实践能填补一些空缺，为从事数据分析相关工作的朋友打开更多的思路。

读者对象

从政府机构领导、企业的管理层，到零售行业老板、公司职员，无时无刻不在和数据打交道，工作时的各项决策都以数据为支撑，生活方面与数据的关系也越来越紧密。我们奉行人人都是数据分析师的理念，所以，如果你站在所属组织、企业的立场，可以通过本书了解企业智能数据分析方面信息化建设的方式和方法；如果你站在个人的角度，可以通过本书获知生活中的方方面面如何通过数据分析变得更加智能，让自己的生活变得更加丰富多彩。

希望读者在通读本书的时候可以把它当成故事书，在获得乐趣的同时享有收获，并在做某类型分析的时候能想起本书，将它当作工具书使用。

本书特色

业界将商业数据分析的发展分为 3 个阶段：传统 BI 阶段、大数据 BI 阶段和智能 BI 阶段。目前，信息化改革走在前列的各大企业正在从大数据 BI 阶段向智能 BI 阶段转变，未来的方向是智能 BI。但是，目前市场上这个方向的图书非常少，且要么是某个专项产品应用的图书，要么是某专业方向领域的图书，要么是国外著作的译本或是纯理论性的教材。

本书根据我的亲身工作经验对企业智能数据分析进行体系化总结和介绍，提供独到的见解和实用的案例。这是本书在数据分析领域有别于其他图书的特点。

如何阅读本书

本书将以智能分析为主线，分 3 个部分：第一部分（第 1、2 章）将通过对数据分析发展历程及趋势的介绍，让读者通过浅显易懂的方式快速了解数据分析；第二部分（第 3~5章）将详细讲述笔者通过经验总结的数据分析思路、方法与技巧，让读者在脑海中建立起清晰的分析思路及分析体系；第三部分（第 6~8 章）将通过对数据分析平台的构建方法及各行业案例的介绍，进一步加深读者对智能数据分析方式、方法的理解，并对其数据分析工作予以启发。

对于初识数据分析的读者，建议顺序阅读本书，以层层递进的方式逐步理解智能数据分析的方法及实践内容。对于有一定数据分析经验的读者，可以先快速浏览第 1 章，了解本书所涉及智能数据分析的范围，然后直接阅读第二部分或第三部分。对于工作和学习中遇到分析问题想找寻分析方法的读者，可以根据需要将第二部分当成工具书来阅读，将第三部分当作实践参考案例来阅读。

勘误和支持

由于作者水平有限，书中难免会有一些错误或者不准确的地方，恳请读者批评指正。

你在阅读中发现的任何问题和意见，均可整理后发送邮件至 snowying_chen@163.com，期待得到你们的真挚反馈。

致谢

感谢我写书道路上的引荐人朱凯——《ClickHouse 原理解析与应用实践》及《企业级大数据平台构建：架构与实现》的作者。你对新知识和新事物的探索与创新精神一直鼓励着我不断突破自己，让我能够下定决心写这本书。同时感谢你对书稿内容提出了很多宝贵的建议。

感谢在工作、学习和生活中曾给予我指导、帮助的每一位老师、同事和朋友——解来甲、李美平、陈婷、王昌宏、谢小明、彭一轩、熊文军、郑凤英、胡艺、李昂、潘登、王涛、库生玉、万梅、冯琴庆、何幼玲、张琛、贾晓希、杨柯、严晗、陈泽华、何宇、吴诚、官潇、李倩、周绪阳、王丽，以及名单之外的更多朋友，感谢你们对我的长期支持和鼓励。

感谢机械工业出版社编辑杨福川、孙海亮、董惠芝在我写作过程中给予鼓励和帮助，引导我顺利完成全部书稿。

最要感谢的是我的父母，感谢你们将我培养成人，并时时刻刻给予我信心和力量！

谨以此书献给我最亲爱的家人，以及热爱和从事数据分析相关工作的朋友们！

目 录 *Contents*

基础知识

初识智能数据分析

人类从结绳记事开始便接触数据，数学学科的发展、统计学的诞生，都为数据分析领域的发展奠定了坚实的基础。随着科技的快速发展，数据分析不仅仅停留在理论层面，而是越来越深地融入人们的生活和工作。随处可见的智能设备让每个人都体会到了数据的重要性及智能的发展。越来越多的企业走上数字化转型之路，通过数据驱动的方式推动管理能力的提升。数据分析也越来越趋向智能化。

1.1 智能数据分析的定义

业界对"智能数据分析"并没有制定标准定义。就像一千个读者眼中有一千个哈姆雷特一样，每个人对智能数据分析都有不同的理解。接下来介绍本书中的智能数据分析到底指的是什么，以便于读者在后续阅读中达成共识。

什么是数据分析？

从分析思路讲，数据分析可以理解为通过分析技术和工具把"数据"变成"智慧"的过程。从分析方法讲，数据分析是通过商业理解确定分析目标，通过数据理解、数据准备、建模、评价等手段和方法确保分析目标实现，最终交付数据分析成果的过程。

数据分析不同于业务处理，必须遵循合规性、合法性，按章程规范行事，以数据驱动的方式探寻管理的改进措施及决策方案。Gartner 在 2014 年提出"双模 IT"的概念：模式 1 更关注稳定、安全，注重线下流程线上化处理；模式 2 注重快速响应、灵活性和探索性。

数据分析的概念相对广泛，包含对商业价值和数据价值的理解，涉及设计方案、数据采集、数据处理、数据探索、报告出具的整个过程，涵盖了应用各类分析、处理、挖掘技术实现目标的过程。通常，它遵循一定的步骤，又通过迭代的方式不断修正，试图达到最佳的效果。

那么，什么是智能数据分析？

我们将数据分析的发展划分为 4 个阶段：雏形时代、计算机时代、大数据时代和智能时代。本书的智能数据分析指的是智能时代的数据分析。它是建立在前 3 个时代的基础之上的"升级版"数据分析，不是孤立存在的。它较普通的数据分析复杂，在数据体量、数据分析思路和方法、使用的工具和技术以及对组织人员的要求上都有着独有的特点。

智能数据分析有哪些特点？

- ❏ 广泛化：数据无处不在，智能数据分析同样无处不在。它可以渗透到工作、生活的方方面面，如政府机构、医院、学校、企业等。
- ❏ 普适化：秉承"人人都是数据分析师"的理念，智能数据分析具有高普适性：人人都可以参与到分析中。
- ❏ 敏捷化：智能数据分析类似敏捷开发，是不断探索、迭代的过程，极少的情况能一次性达到分析目标。在分析过程中，为达到最终分析目标，数据分析师往往需要反复清理数据、审视分析方法、检查数据处理路径，等等。
- ❏ 智能化：机器学习、深度学习等算法的引入，人工智能的应用，让自动推荐、智能搜索以及人机对话成为可能。
- ❏ 生态化：虽然数据和信息是客观的事实，但采用不同的分析方法可能会得到不同的结论。这就需要数据分析师根据商业理解判定达成的最终目标，相应选择最佳的分析方法，通过数据得到最终的决策。同时，分析结果的展示形式多种多样，不是一成不变的。以生态化、高扩展的思路来构建数据分析平台，可以满足千人千面的分析需求，以适应各企业、组织不同层级、不同领域、不同岗位的要求。

1.2　基础理论体系

我们先来看看前人在数据分析领域总结的经验和思路。从数据价值提升角度来看，DIKW 是业界广泛认可的从数据到智慧的价值提升思路；从分析方法来看，CRISP-DM 是一套完整的数据挖掘方法论。

1.2.1　DIKW

DIKW 体系，简单地说就是关于数据、信息、知识和智慧的体系。"数据—信息—知识—智慧"是一个层层递进的关系。通常，一个真正有意义的数据分析过程是，通过分析于段和工具将客观存在的事实和数字，也就是"数据"，进行组织、加工形成"信息"，再经过提炼形成"知识"，再进一步通过洞察力、创造力加工成"智慧"，为决策所用。图 1-1 所示为 DIKW 体系。

图 1-1　DIKW 体系

那么什么是数据、信息、知识和智慧？

❑ **数据（Data）**：在拉丁文中数据是"已知"的意思，可以理解为"事实"。给数据下一个定义，它是对客观事物的性质、状态以及相互关系等进行记录并鉴别的物理符号或这些物理符号的组合，是被赋予了"量"的数字。

❑ **信息（Information）**：作为科学术语最早出现在哈特莱（R. V. Hartley）于 1928 年撰写的《信息传输》一文中；20 世纪 40 年代，信息论的奠基人之一香农（C. E. Shannon）给出了信息的明确定义——信息是用来消除随机不确定性的东西。通俗一点，信息描述"是什么"，可以回答类似谁、什么、哪里、多少、什么时候等问题，因此，信息是被赋予了"意义和目标"的数据。

❑ **知识（Knowledge）**：在汉语中，"知"字由"矢"和"口"构成，"矢"指射箭，"口"指说话，联合起来为说话像箭中靶心，意思是说话很准（一语中的），这里的关键词是"准确"；"识"繁体写作"識"，"言"指用语言描述，"音"指教官口令声，"戈"指参加操演军人的武器，合起来本意为"随着教官指令的变化，整齐划一的团体动作形成各种图形"，可以理解为"用语言描述图案的形状和细节"，引申意为"区别""辨别"。综合来看，知识是准确描述、区别、辨别能力的基础，是人类在实践中认识客观世界的成果，包括对事实、信息的描述或在教育和实践中获得的技能，因此它是提炼后的信息，是被处理、组织、应用或付诸行动的信息。

❑ **智慧（Wisdom）**：指人类所具有的基于生理和心理器官的一种高级创造思维能力，包含对自然与人文的感知、记忆、理解、联想、辨别、计算、分析、判断、决定等多种能力。它是基于数据、信息、知识形成的洞察力和创造力。

单纯的概念表述总是枯燥无味的，很难让人融会贯通，那么如何真正理解 DIKW 体系中的数据、信息、知识和智慧呢？我常常在公开培训的时候举一个简单的例子——一支演讲用的激光笔长 15cm。单独看"15"，是个无意义的抽象符号，是数字；"15cm"是客观存在的事实和赋予了量的数字，是"数据"；"这支激光笔长 15cm"，是语义化的数据、组织后的数据，可以称为"信息"；"我们使用的激光笔一般长为 15cm"，这是经过人们总结提炼的经验性信息，可以认为是常识，这就是"知识"；再进一步，一个激光笔的生产厂商在决策生产激光笔的时候，需要收集用户需求，总结出"生产长 15cm 的激光笔销量会比较好"，上升到决策层面，可以称为"智慧"。前两者是客观存在的事实，后两者则是人们通过经验总结出来的主观意识。

当然，实际上我们接触的数据、信息、知识、智慧远比上述举例复杂，这里希望通过简单的例子让大家快速理解 DIKW 体系。在接下来的章节中，我们也能感受到智能数据分析的过程、智能数据分析工具如何助力点亮"数据"到"智慧"之路。

接着上面的例子，我们看看从数据到智慧是如何转变和升级的。图 1-2 展示了 3 个维度的分析。横轴代表理解力，从数据层面的搜索、查询到进一步理解、吸收形成信息，再通过分析、行动转变为知识，通过分享、互动向智慧层面转变，形成影响力，从被动接收到主动影响，这就是从数据转换为智慧的魅力所在。纵轴代表情景性，先通过数据采集聚合部分数据、建立连接，将数据组合为信息、形成一个整体的知识体系，再到人知合一层面的智慧这一层正是本书讲述的"智能数据分析"所要达到的真正目标。第三个维度是时间。信息、知识层面是对过去已有数据的分析，智慧层面则是对未来的预测，是对未来有影响力的决策，是创新。

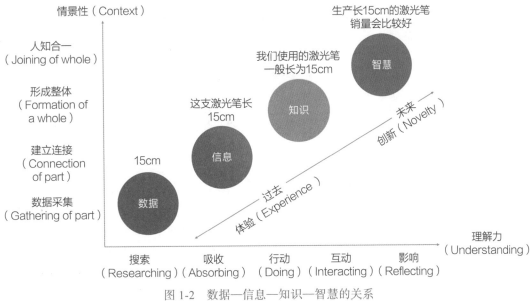

图 1-2　数据—信息—知识—智慧的关系

那么，要实现从数据到智慧的发展之路，我们就需要使用相应的方法、技术手段。

智能数据分析就是通过智能手段助力个人、企业乃至社会走向"数据—信息—知识—智慧"的发展之路，真正从数据中洞察智慧，为决策提供支撑。

1.2.2 CRISP-DM

CRISP-DM（Cross-Industry Standard Process for Data Mining，跨行业数据挖掘标准流程）最初是在 1996 年年末由数据挖掘市场"三剑客"（DaimlerChrysler、SPSS、NCR）提出的，1997 年被正式命名并成立特别兴趣小组，1999 年被正式提出模型草案并逐步推广。

CRISP-DM 将数据挖掘项目生命周期划分为 6 个阶段，分别为商业理解、数据理解、数据准备、建模、评价以及部署，如图 1-3 所示。

图 1-3 中的箭头代表各个阶段最重要、最频繁的关联依赖，但并不代表顺序是严格不变的，针对具体情况在不同阶段之间来回移动也是很常见的。外圈形象地表达了数据挖掘本身的循环特性，即数据挖掘不是一次部署完就结束的活动，在任何过程中都可能触发新的，甚至更值得关注的商业问题。这就需要有一个快速响应、及时调整的机制。

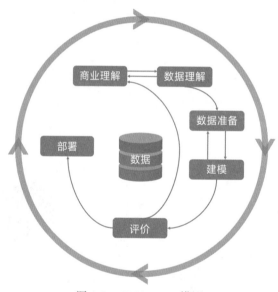

图 1-3　CRISP-DM 模型

CRISP-DM 模型的 6 个阶段如下。

❑ 商业理解（Business Understanding）：该阶段需要我们从商业角度来理解项目的目标和要求，并把这些理解转换为数据挖掘问题的定义和实现目标的最初规划。如果方向错了，预期的数据挖掘目标一定无法达成，因此商业理解是非常重要的环节。

❑ 数据理解（Data Understanding）：该阶段包括从最初的数据收集到接下来的一系列活动。这些活动的目的是熟悉数据、甄别数据质量问题、发现对数据的真知灼见，或者探索出令人感兴趣的数据子集并形成对隐藏信息的假设。

❑ 数据准备（Data Preparation）：该阶段包括从最初原始数据构建到形成最终数据集

的全部活动，具体为对表、记录和属性的选择，通过建模工具进行的数据转换和清洗。数据准备很可能被执行多次并且不以任何既定的秩序进行，它需要建立在数据理解的基础上。

- ❑ 建模（Modeling）：在该阶段，我们通常会选择和使用各种技术，并对模型参数进行调优。相同的业务问题解决和数据准备可能会有多种技术手段供选择。由于某些技术对数据形式有特殊的规定，我们通常需要重新返回数据准备阶段，因此数据准备与建模是紧密联系、相辅相成的。
- ❑ 评价（Evaluation）：到了该阶段，我们通常已经构建好一个或多个从数据分析角度看较高质量的模型，但是在最终部署之前，还需要对模型进行全面的评价，重审构建模型的步骤以确认它能实现商业目标。这里一个关键的判断标准是"是否存在还没有被充分考虑的商业问题"。在这个阶段的最后，我们还应该确认使用数据挖掘技术得到的决策是什么。
- ❑ 部署（Deployment）：尽管通过数据模型已经将数据所隐藏的信息和知识显现出来，但获得的知识需要被组织起来并表示成用户可用的形式，因此模型的建立通常并不意味着项目的结束，还需要将模型部署到系统中。这里的部署阶段可以认为与生成一份报告一样简单，也可以认为与实施一个覆盖整个企业可重复的数据挖掘过程一样复杂。

图 1-4 详细列出了 CRISP-DM 模型的任务及输出。

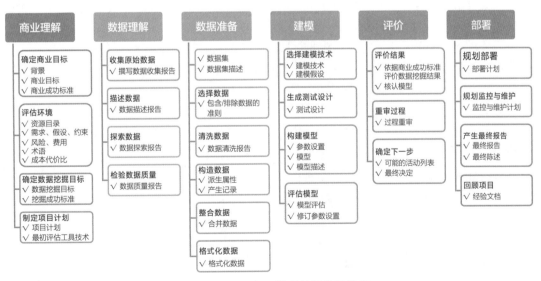

图 1-4　CRISP-DM 模型的任务及输出

CRISP-DM 总结了一套完整的数据挖掘方法。数据分析项目套用 CRISP-DM 的思路，能有效把握每个环节的要点，保障项目有效、有序进行。

1.3 数据分析的发展

数据分析历史悠久，从大的发展方向来看，可以划分为 4 个阶段：雏形时代、计算机时代、大数据时代和智能时代，如图 1-5 所示。

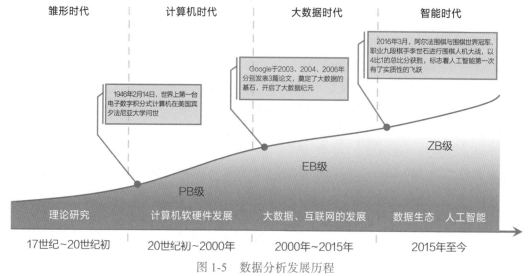

图 1-5　数据分析发展历程

数据分析早在 17 世纪就初具雏形，但当时只是运用简单的数学方法绘制简单的地图、天气图等；到了 18 世纪逐渐得到发展，开始运用统计方法证明一些假说的正确性，但很难从繁杂的数据中得出明确的结论。20 世纪以前，人们对数据的使用和统计还是相对落后的，全部依赖人类大脑对数学、统计学知识进行理解及应用，实现初级的数据可视化。我们称这个时期为数据分析的"雏形时代"。

直到第二次世界大战，由于敌对双方均使用的是飞机和火炮，他们必须绘制出精确的射击图表，由数据确定炮口的角度，才能打得精准。但是，每一份图表要经过几千次的四则运算、十几个人手摇机械计算机算几个月才能完成。1946 年，美国宾夕法尼亚大学电工系在莫利奇和艾克特的领导下，为美国陆军军械部阿伯丁弹道研究实验室研制了一台用于炮弹弹道轨迹计算的电子数字积分式计算机（Electronic Numerical Integrator and Calculator，ENIAC），这就是世界上第一台电子计算机。这台计算机虽是重 30 余吨，占地约 170 平方米的庞然大物，但标志着人类开始拥有全新的工具和手段来进行数据计算与分析。数据分析开始进入"计算机时代"。在这个时期，有很多人类历史上重要的里程碑：1951 年数据库和键盘诞生，1981 年 IBM 公司推出第一代微型计算机 IBM-PC，1989 年万维网（WWW）出现，1991 年"数据仓库"概念正式被提出，等等。硬件的不断革新及软件的诞生为数据分析的发展提供了巨大的推动力量。

计算机的普及让原有存储在纸上的数据逐步转移到存储媒介（如磁盘）上。企业 CRM

和 ERP 系统的广泛应用和个人移动设备的推广，带来了数据量几何级的增长，数据量由 PB
级上升为 EB 级⊖。IBM 总结出大数据的特性：Volume（数量大）、Velocity（增长快）、Variety
（类型多）、Value（价值密度低），即 4V 特性。对如此庞大的数据如何分析和使用成为难点，
技术的革新总是能激发新的问题来解决思路。Google 于 2003 年、2004 年和 2006 年分别发
表关于 GFS（Google File System）、MapReduce 及 BigTable 的论文，奠定了大数据的基石，
开启了大数据纪元。以此为基础打造出的 Hadoop 分布式架构迅速发展成为分析大数据的领
先平台。数据分析在"大数据时代"得到了飞速进步与提升。

随着大数据由概念走向成熟的应用，互联网、云计算的不断发展，机器学习、深度学
习的逐步实践，人类探索出更先进、更智能的分析方法。2016 年 3 月，阿尔法围棋与围棋
世界冠军、职业九段棋手李世石进行围棋人机大战，以 4：1 的总比分获胜，标志着人工智
能第一次有了实质性的飞跃。犹如电影情节逐渐变为现实，数据分析领域也在不断引入人
工智能理念和思路，开始将各种算法模型融入分析过程，向"智能时代"不断靠近。未来
一定是智能数据分析时代。

1.3.1 分析思路的演进

从分析思路的演进来看，雏形时代到智能时代经历了数据统计、查询分析、探索分析、
深度挖掘几个阶段，如图 1-6 所示。

图 1-6 分析思路的演进

17 世纪起，初具雏形的数据分析大多由学者们的辩论引起。学者们为了证明自己的
学术假设，通过收集、统计大量的数据进行验证。一个很著名的案例发生在 19 世纪，一
场霍乱带来一场医学上的激烈辩论。在这场关乎生命的辩论中，数据分析发挥了重要的
作用。

1831 年起，欧洲人陆爆发霍乱，当时主流的理论是它是由毒气或瘴气引起的。当时状
况极其惨烈，仅仅 1849 年一年，在伦敦霍乱就夺走了超过 14 000 人的生命。1854 年，英

⊖ 1 ZB（泽字节）= 1024 EB，1 EB（艾字节）= 1024 PB，1 PB（拍字节）= 1024 TB，1 TB（太字节）= 1024 GB。

国医生 John Snow 开始着手研究伦敦 Soho 区爆发的霍乱。他甚至在霍乱大爆发期间挨家挨户地走访，收集相关数据信息。Snow 为证明病例发生的地点和取水的关系，绘制了一张 Soho 区的地图，标记了水井的位置（图 1-7 中附近标记 "PUMP" 字样的圆点），并将每个地址（房子）里的病例用图符（图 1-7 中的一个横条代表一个病例）标识出来。这就是闻名世界的 "死亡地图"。人们通过图符可以清晰地看到病例集中在布拉德街水井附近，经统计共 73 个病例离布拉德街水井的距离比附近其他任何一个水井都近。在拆除布拉德街水井的摇把后不久，霍乱停息。

图 1-7 "死亡地图" 助力揭开霍乱真相[⊖]

在此之后，数据越来越受到关注，通过数据统计结果来解决问题也越来越被接受。但是，在 20 世纪以前，数据分析的应用仍然局限于专业领域的研究。分析思路和方法仍然停留在专家学者以专业判断指明数据分析方向，然后根据推断结论寻找数据来证明的阶段。分析的范围、数据价值发挥都受到了很大限制。

直到计算机的出现，数据分析才真正得到推广。我们聚焦到计算机时代来临之后各阶段，在智能数据分析方向上的术语如图 1-8 所示。

1971 年 Keen 提出 "管理决策系统"，1978 年 Keen 和 Scott Morton 提出 "决策支持系统" 术语，这时的数据分析更多集中在出具结构化的例行报告，通过专家系统做一些分析。

⊖ 图片来源：http://www.datavis.ca/gallery/historical.php。

20 世纪 80 年代大型企业开始搭建企业信息管理系统（MIS），关系型数据库管理系统得到推广应用，企业资源计划（ERP）概念也开始映入眼帘。20 世纪 90 年代随着数据仓库的诞生、仪表板和记分卡的使用，主管信息系统（EIS）开始出现。1996 年，Gartner 提出"商业智能"（BI）概念，该概念一直沿用和发展至今。这一时期，虽然已经有"智能"概念提出，但从分析思路上讲，数据分析仍然是以数据收集和数据整合为主，实现的业务诉求大多是针对管理层的，包括管理需要的定制报告和仪表板。

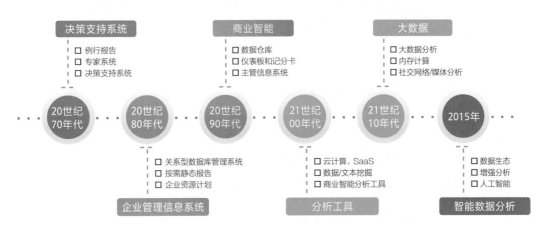

图 1-8　数据分析术语的演进

21 世纪以来，云计算、大数据等概念家喻户晓，IT 时代开始向 DT 时代转变。以往的追求线下事务线上处理、为基层工作人员减负的思路，已经不能满足数据爆炸时代的要求。由于数据体量的增加，企业、组织的信息化已经达到一定程度，如何从数据中获取价值成为最迫切的需求，分析思路也开始转变为数据驱动模式。大数据技术的发展使得自助探索式分析、高性能计算、敏捷响应成为可能。分析与商业智能一般会同时出现，这就是分析和商业智能平台（Analytic and Business Intelligence Platform，ABI 平台）。企业和组织的各级管理人员可以使用 ABI 平台，通过数据分析工具从数据出发，发现数据问题、总结数据规律、获取实时数据预警消息、探寻新的管理思路。

2015 年以后，随着人工智能逐渐由概念慢慢转变为现实，数据分析也在向智能方向发展。相比大数据时代的数据驱动思路，智能时代的数据驱动思路更进一步，开始由人自助探索式的数据驱动模式向由机器智能推荐的模式转变。机器人在获取信息后通过推荐引擎自动给出分析和建议成为可能，并且会变成未来的发展方向。

1.3.2　分析工具的发展

人类与动物的最大区别是会使用工具，提高效率的最好方法无疑是使用正确的工具。那么，数据分析工具又是如何发展的呢？分析工具的发展如图 1-9 所示。

图 1-9 分析工具的发展

最开始人们用绳子对数据进行记录，慢慢发展出数学这门学科，这让人们有更好的理论知识进行数据的记录、计算。随着历史的演进，通过人脑、笔和纸对数据记录、计算已经不能满足要求，计算机的产生为数据分析的发展带来了巨大变革。

随着人类进入计算机时代，数据分析更是有了长足发展。目前，使用最广泛的工具是Excel。Excel 因提供强大、灵活的计算功能而占据着不可替代的地位。

但是随着信息化的不断发展，C/S 版本的 Excel 已经不能满足数据的快速获取和智能计算，大数据技术的诞生进一步推进了数据分析工具的发展。技术的发展让数据分析逐步向智能化方向转变。

对于数据分析的发展方向，业界有两家著名咨询公司的研究成果受到广泛认可：Gartner、BARC（后面讲到未来趋势的时候会提到）。

Gartner 是全球最具权威的 IT 研究与顾问咨询公司之一，成立于 1979 年，总部设在美国。Gartner 推出的一个非常著名的分析工具是魔力象限（Magic Quadrant）。其横轴代表前瞻性，包括厂商或供应商提供的产品底层技术基础的能力、市场领导力、创新能力和外部投资等；纵轴代表执行力，包括产品的使用难度、市场服务的完善程度和技术支持能力、管理团队的经验和能力等。横轴、纵轴划分为 4 个象限，具体内容如下。

- ❑ 利基者（Niche Player）：执行力和前瞻性都不足，但可能在某个特定的领域做得不错，或者是一些比较新的厂商。
- ❑ 挑战者（Challenger）：执行力很强但前瞻性不足，通常是比较大型的成熟厂商，在其本身特定市场中执行能力表现得很强，但在新领域、新市场的拓展性较弱或还未表现出对市场方向的理解。
- ❑ 愿景者（Visionarie）：前瞻性很强但执行力不足，一般是有远见但是短期内无法实现的早期创业者，或者是一些有远见但是执行不及时的比较成熟的大型厂商。
- ❑ 领导者（Leader）：前瞻性、执行力都非常强，拥有大量客户群体，在全球市场中都有极高的知名度，有能力、有实力影响和引领整个行业的发展。

接下来看看在 ABI 平台上的魔力象限。图 1-10 展示了近 5 年（2015 年～2019 年）Gartner发布的数据。可以看出，2015 年领导者象限的厂商众多，但是从 2016 年起骤减，传统商业巨头们退出领导者象限，IBM、SAP 下滑至愿景者象限，Oracle 甚至没有出现在 2016 年的魔力象限中；而从 2015 年到 2019 年一直坚挺在领导者象限的是 Tableau、Microsoft 及 Qlik，它们的商业智能由传统的商业智能展示方向向自服务方式转变；2019 年涌现出一匹黑马 ThoughtSpot，它以智能推荐为主要方向冲进领导者象限，这代表着智能分析时代已经来临，商业分析工具也正在向智能方向演变。

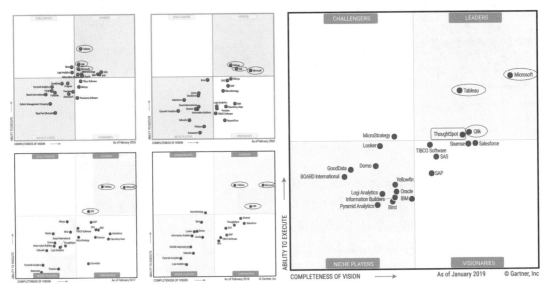

图 1-10　魔力象限

1.3.3　组织体系的变革

近年来，数字化经济、数字化转型成为政府、企业发展趋势，但传统的组织、企业架构并不利于快速响应数字化转型和数字经济。通常情况下，各部门间存在数据壁垒，且无数据共享的意愿，如果没有专门的数据组织进行管理，很难真正实现数据全面管控和数据价值全面挖掘。现在，越来越多的组织开始成立数据中心、大数据中心，将数据组织独立出来，设立专门的数据管理机构、数据信息官等专项职位，"数据科学家"的称呼进入人们的视野。

随着信息化的发展，近 10 年企业人员结构逐步由三角形向菱形模式转变，如图 1-11 所示。人员从集中在业务处理的基层逐步向对数据分析要求较高的中层转移，促进数据分析需求不断增长。基层人员的事务性工作逐步被机器取代，企业整体的关注点也越来越向提高效率、提升管理能力方向转变，这就需要更多的中层管理人员在过程改进方面做出更多的努力，而提高企业效率最直接、最有效的方式就是通过大量的数据分析来识别问题及风险，并提出改进措施。

大量涌现出来的中层管理人员一部分是从基层事务性工作中释放出来的人员，一部分为企业新聘人员，大多数仍是专业的业务人员和管理方向的人才，对数据分析可能知之甚少，需要依赖易用、好用的分析工具来完成相应的分析工作。

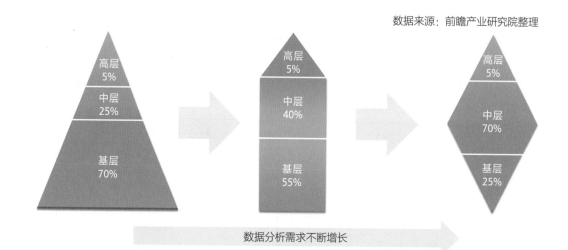

数据来源：前瞻产业研究院整理

图 1-11 人员结构逐步由"三角形"向"菱形"模式转变

由于大量数据分析需求出现，原本只有管理者关注数据的状态在发生转变，更多业务人员也参与到企业的数据分析中。如图 1-12 所示，数据分析需求的增加促进了数据分析工具的发展，数据分析开始由技术型向自服务型模式转变，技术人员更加关注专业的分析场景及分析平台建设。但这还不够，随着信息爆炸时代的来临，"人人都是数据分析师"的概念开始深入人心，数据分析产品越来越趋于平民化，企业管理趋于虚拟扁平化。"全员探索"时代正在一步步到来，管理者、业务人员、技术人员，甚至组织、企业中的任何一员，都可以作为数据公民参与组织、企业的数据分析。他们中的一部分人拥有比常人更强的数据分析思维、更科学的分析方法或是更尖端的分析技术，带领组织、企业做出更准确的决策，被称为"数据科学家"。

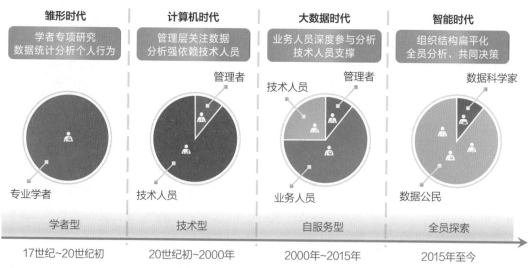

图 1-12 数据分析人员变化趋势

讲到这里，你或许会觉得自己只是企业中的一名普通员工，平常有一些工作可能涉及数据分析，但是感觉好像和我个人也没有那么深的关系。下面有几组有意思的数据，从个人职业发展来看数据分析的地位。

根据前瞻产业研究院《2019 年就业指导蓝皮书》中的数据，2013 年至 2017 年职位需求增长率排名前五的职业中，数据分析师排名第五，需求增长 2.3 倍；除新媒体运营外，前端开发工程师、算法工程师、UI 设计师均是与智能数据分析产品研发和数据分析处理息息相关的职业，如图 1-13 所示。2018 年，企业要求应届生掌握的增幅最高的十大技能中，数据分析技能排名第二，增幅为 69.3%；排名第一的 JavaScript 增幅 81.3%（数据分析产品研发和数据分析处理中重要的技能之一）。

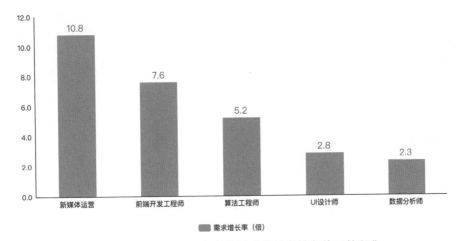

图 1-13　2013～2017 年职位需求增长率排名前五的职业

数据来源：领英前瞻产业研究院整理

我们不妨从薪资角度侧面看看什么岗位最受重视。图 1-14 展示了 2018 年第四季度平均薪酬最高的 15 个岗位。可以看到，除了游戏制作人以外，其他 14 个岗位均是支撑智能数据分析产品研发的重要岗位，且从岗位分布来看，各类算法工程师、架构师名列前茅，这些岗位人员所擅长的正是智能数据分析中"智能"得以实现的不可或缺的技能。

看到这里，你是不是已经在想，要想办法提升自己的数据分析能力，无论是为在现有岗位更好地完成工作，还是让自己提高竞争力，抑或是升职加薪，都会有不小的好处。毕竟，数据分析是趋势，多掌握一门技巧，对自己百利而无一害。

1.3.4　未来趋势

前文提到的 BARC（业务应用研究中心）是德国一家商业软件研究和咨询公司，专注于商业智能 / 分析、数据管理、企业内容管理（ECM）、客户关系管理（CRM）和企业资源规划（ERP）。BARC 完成了世界上规模最大的商业智能最终用户独立调查。

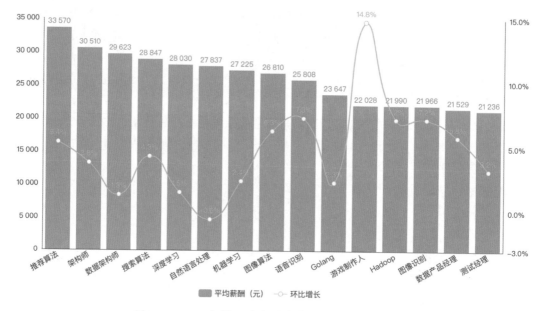

图 1-14　2018 年第四季度平均薪酬最高的 15 个岗位

数据来源：BOSS 直聘 前瞻产业研究院整理

　　BARC 每年都会发布关于 BI 领域的行业趋势研究报告。图 1-15 列出了 2018~2022 年商业智能和大数据分析报告数据。BARC 将趋势划分为 10 个等级，右侧的条形图代表 20 个 BI 趋势的等级，左侧是 2018 年到 2022 年各 BI 趋势的排名变化。

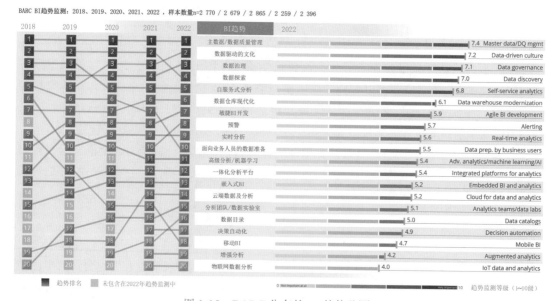

图 1-15　BARC 公布的 BI 趋势监测

从 2022 年的 BI 趋势分析中可以看出，排名前 5 的分别为主数据 / 数据质量管理、数据驱动的文化、数据治理、数据探索和自助服务式分析，另外一体化分析平台、高级分析 / 机器学习、决策自动化、增强分析也占有重要地位。这些内容恰恰是本书着重探讨的。

其实，在 2016 年、2017 年的 BI 趋势预测中，最受关注的是"数据探索"和"自服务式分析"，同时大量的自助探索式分析工具涌现。近年来，在数据探索过程中我们发现数据质量直接影响分析结果，因此主数据 / 数据质量管理的重要性呼之欲出，在 2018 年跃居第 1 位，且近 5 年排名持续稳定。与之密切相关的"数据治理"从 2016 年的第 6 位逐渐变成第 4 位，稳定 4 年后在 2022 年升至第 3 位。

2022 年排在第 2 的"数据驱动的文化"是 2019 年新出现的 BI 趋势。这主要是因为随着数字化转型的不断兴起和逐渐落地，政府、企业、各类组织都更加注重数据文化的建立，以内驱的方式推动数字化发展。

由于分析平台及工具逐渐成熟，人们的视野开始转向数据本身，"数据探索"和"自服务式分析"热度稍减，但仍然是数据分析过程中不可或缺的重要内容，排名也一直在前 5。另外，决策自动化、增强分析在 2021 年入围前 20 并持续在 2022 年出现。其成效还需要更深的探索，是未来的发展方向。

Gartner 作为全球最具权威的 IT 研究与顾问咨询公司之一，每年也发布数据分析领域的技术趋势。与 BARC 报告中相对全面的方式不同，Gartner 更注重趋势的变化，报告中更多体现前瞻性的趋势内容。Gartner 发布的 2021 年十大数据分析技术趋势及摘录的要点如图 1-16 所示。

图 1-16　Gartner 发布的 2021 年十大数据分析技术趋势及摘录的要点

Gartner 公司杰出研究副总裁 Rita Sallam 表示，新冠疫情颠覆企业机构的速度之快，迫使数据分析领导者使用工具和流程识别关键技术趋势并优先考虑那些对其竞争优势具有最大潜在影响的技术趋势。数据分析领导者需要做出加快自身预测、转变和应对能力的关键任务的投资。从较通俗的角度看，他表述的数据分析关键词为智能化、复用性、组合性、关联性，这又恰好能对应 Gartner 提出的增强型数据分析、增强型数据管理、持续型智能及可解释的 AI。

❏ 增强型数据分析：指使用机器学习和人工智能技术，改变对分析内容开发、使用和共享的方式。作为数据分析的高级增强阶段，增强分析能为分析计划带来更多自动化动能以及创新洞察力，能够帮助普通用户在没有数据科学家或 IT 人员协助的情况下访问有效数据，并对理论和假设情况展开测试与验证。

❏ 增强型数据管理：指利用机器学习和人工智能技术，使数据管理类别包括数据质量、主数据管理、元数据管理、数据集成以及数据库管理系统（DBMS）自我配置和自我调整。它可以自动执行许多人工完成的任务，为技术水平较低的用户提供使用数据的机会，同时有助于高技能水平的技术人员专注于更多的增值任务。

❏ 持续型智能：一种实时分析数据的新方式，也是一种实时分析与业务运营相结合的设计模式。它利用多种技术，比如增强型分析、事件流处理、优化、业务规则管理和机器学习，来使决策自动化执行。

❏ 可解释的 AI：指 AI 所做出的决策是人类可读的、可理解的。它有助于人们更清晰地了解得到决策的方法及原因，提高决策可信度，有助于修正模型。

两份分析报告看似存在差异，实则相辅相成。Gartner 从宏观角度给出了未来的变化趋势。从大方向上来看，增强型数据分析、可解释的 AI 是发展方向。BARC 则从分析内在的侧重点方向给出近年来 BI 趋势排名变化，从更加务实的角度强调了主数据管理、数据质量管理以及数据治理的重要性。数据质量自数据分析诞生以来就是大难题，但一定是不容忽视的，因为没有数据质量的保障，增强型数据分析、可解释的 AI 给出的可能是错误的结果，智能会失去意义；增强型数据分析、可解释型的 AI 可以反向应用于数据治理。不断的技术更迭，探索式发掘数据价值、迭代式"用""养"数据，利用强有力的分析手段给出越来越精准的决策方案，是未来的方向。

1.4　本章小结

本章通过数据分析相关理论及背景的介绍，帮助读者理解本书讲述的"智能数据分析"的范围。数据分析的发展部分介绍了雏形时代、计算机时代、大数据时代到智能时代的演进过程，并详细阐述 4 个时代对应的分析思路、分析工具、组织体系。这三个方向也是智能数据分析不容忽视的重要内容。最后，知晓未来的趋势实则是为了了解引领数据分析迈向智能化的有效手段，以便更好地在企业数字化转型、数据分析平台建设以及数据分析过程中找到发力点。第 2 章将先介绍智能数据分析相关的基础知识。

第 2 章　*Chapter 2*

智能数据分析基本知识

上一章我们对"智能数据分析"下了一个定义：智能数据分析是指智能时代的数据分析。如何真正认识智能数据分析，它能解决什么样的问题，要了解智能数据分析需要掌握哪些技能，本章会对此做详细阐述。

本章阐述了智能数据分析的背景和痛点、笔者对数据本身及怎样做好数据分析的理解和感悟、不同层次的数据分析能解决的问题和案例，以及做好数据分析的思路和方法。本章的目的是帮助读者进一步理解智能数据分析的具体内容。

2.1　数据分析之"痛"

也许你并没有发现，在数据爆炸时代，我们生活的每一秒都不断有数据产生，产生的数据都在默默被记录着。智能手表、手环随时记录着心率、运动和睡眠状况；从拿起手机开始，手机就在默默记录着开屏和锁屏的次数、监控屏幕亮度、电池的使用状况；起床刷牙洗脸，电表、水表的数据在不停跳转；出门买早餐，支付宝或是微信已悄悄为你记下一笔账；开始工作，每一项业务的发生都在产生数据，企业经营管理部门又在不断加工数据、分析数据，并产生新的数据……

正如上面所述，我们生活的点点滴滴正在被"人工智能"渗透。然而，我们想要证明一个观点、得出一个结论、开展一项研究时，还是会遇到各种困难。数据找不到、数据质量差、分析方法不对、不能快速得出结论等问题一直困扰着数据分析师。

2.1.1　数据找不到

随着大数据的发展，我们逐步解决"缺数据"的困难，转而面临数据都有，但找不到的困难，即使找到可能也不是想要的数据。究其根本，原因主要有 3 个。

1. 数据分散，不知去哪找

先谈谈个人，查看本月吃穿住行各花费多少，看似简单，但要真正得出精确的数据，倘若没有记账习惯是很困难的。消费往往分布在现金、支付宝、微信、银行卡各种渠道，虽然线上支付渠道能出具消费月账单，但想轻松得到个人整体消费情况，还是相当困难的。

再看看企业、政府等组织，它们绝大多数采用的是烟囱式数据治理方式，即各业务部门的数据系统独立建设。这对于快速获得成效无疑是最好的方案。但是随着技术的快速发展，单一部门的数据已经无法满足企业整体数据分析的需求，财务部门倡导业财融合，业务部门同样想获得其他部门的数据以供分析参考。对于企业管理者来说，由于数据的分散，他们更加会觉得总是找不到自己想要的数据。

2. 管理不规范，不知怎么找

数据分散在各个系统里，还是有方法找寻的，只是找寻速度慢一些。但是，如果各系统的数据存储没有统一的规范，使用者即使知道数据存放的系统也很难找到搜索的关键词，需要大量的手动干涉。

3. 数据壁垒，赋权流程复杂

在没有统一的数据平台情况下，不同系统的数据管理组织不同、人员不同，在一定范围内可公开的数据得不到很好的应用，需要通过非常复杂的流程才能应用。数据消费者面临找数据麻烦的困境。

2.1.2 数据质量差

研究表明，人们在做数据分析过程中有 80% 的时间花在数据处理上。但数据偏差很可能会造成分析结论与事实相去甚远，有如"蝴蝶效应"。比如企业某笔合同贷款利润为 5%，登记融资合同时，某业务人员错认为系统自带百分比单位而录入数字"5"，但系统是按 500% 的利率计算的；而该企业大部分贷款利率集中在 4%～5.5% 范围内，如果这笔合同涉及金额较大，很可能导致综合成本率超出实际几倍甚至几十倍，所有包含这笔合同的各个口径的成本相关数据，都将有很大的偏差。可谓"牵一发而动全身"。这类问题往往很难在一开始被发现。因此在数据分析过程中，我们需要不断修正数据，以应对"数据质量差"的问题，这必定会耗费大量时间。

类似于数据错误、数据空值、数据重复、数据不一致等情况比比皆是。数据质量不达标，再炫酷的报表、报告也不能为业务带来价值。企业往往花了大量费用用大屏做分析展示，结果数据不对，一切都是泡影，成了纯粹的政绩工程。

2.1.3 分析手段旧

在数据分析领域，最通用、最不可或缺的部分便是和金钱打交道的财务数据。财务人员总是埋头从财务账表中查各种数据，在 Excel 里用各种公式计算，在 Word 里编辑文字。他们把大量时间耗费在初级统计计算和文档编辑上，很难再抽出时间进行真正有意义的分析工作。无论分析人员自身价值，还是企业数据价值，都难以得到很好的发挥。

随着财务共享逐渐推广，各类分析工具涌现，这种状况逐渐得到改善，但是日益增长的分析需求对分析手段、分析工具提出了更高的要求。

参与数据分析较早的财务领域如此这般，其他领域更是面临严峻的挑战。

2.1.4 分析效率低

商业分析正在从 IT 主导型向自服务型转变，进一步向智能方向迈进。事实上，绝大多数企业还处于 IT 主导型数据分析，从商业理解到分析决策，需要漫长的沟通及反复过程。通常由业务人员提出需求，IT 人员参与需求分析、数据设计（存储结构、数据获取方式等）、功能设计及界面设计，出具效果图后与业务人员反复确认，最终达成一致的上线应用。这种模式本身链路很长，要花费大量的时间在沟通上，更难快速响应管理需求的变化。"需求变更"是 IT 项目之"痛"，"快速响应"却是管理决策之"需"，两者的矛盾迫切需要通过分析效率的提升来化解。

2.1.5 数据杂乱

对于大型企业来讲，每个部门往往都会维护一套自己要用的数据。然而，对于整个企业来讲，这样做冗余了大量数据，并且这类数据不仅存储多份，还不一致。那么，如何划分数据负责主体，进行统一管理、统一使用，就变化了企业亟待解决的问题。从第 1 章 BARC 的报告来看，主数据已经成为最迫切需要关注的方向，如何梳理主数据、确认主数据的责任方，做好主数据的管理，成为各大企业当务之急。

这么多问题如何解决？在后面的章节中，我们娓娓道来。

2.2 数据分析之"悟"

数据分析之"痛"，是否有"解药"？治病，要对症下药，第一要务便是深入了解病情。数据有哪些类型？什么样的数据才能为我们所用？要做好数据分析需要具备哪些能力？带着这些问题，我们来真正地认识数据分析。

2.2.1 数据"收纳"

你一定有在家里找东西找不到的经历，很大程度上是没有做好归类导致的。我们从收纳相关视频的火爆程度就可以看出分类的重要性。要做好收纳，首先得了解所有物品的类别、作用、使用频率，然后根据家具的摆放和自己的喜好将物品放置在合适的位置，以便提高物品的使用效率。数据也一样，需要我们先了解数据的类别（格式）、作用（价值）、使用频率，做好清晰的归类。这样，我们在使用数据时才能事半功倍。

数据有众多分类方式，这里我们从智能数据分析角度，探讨在数据格式、数据价值、数据使用频率及数据应用方面的分类。

1. 按数据格式分类

按格式分类，数据可分为结构化数据、半结构化数据、非结构化数据，如图 2-1 所示。

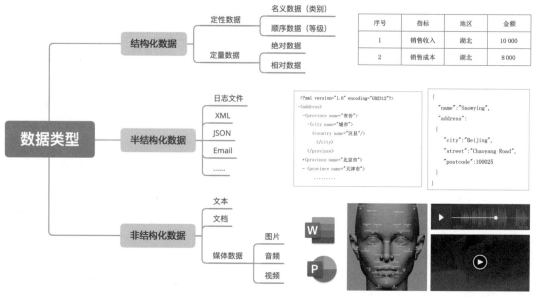

图 2-1　按数据格式分类

- 结构化数据：指由二维表（行＋列）结构进行逻辑表达的数据，它遵循数据格式与长度规范，主要通过关系型数据库进行存储和管理。相较半结构化、非结构化数据来说，结构化数据因其结构的规范性，是最容易分析的数据类型。结构化数据又可以进一步分为定性数据和定量数据。定性数据包括区分类别的名义数据（如地区分类）和区分等级的顺序数据（如排名），定量数据包括绝对数据（如每天的销售收入）和相对数据（比如同比、环比数据）。
- 半结构化数据：指具有非关系模型但又有基本固定结构模式的数据，例如日志文件内容、XML 格式文档内容、JSON 格式文档内容、Email 内容等。这类数据不像结构化数据以行、列为标准来表达，但又有一定的格式规范。我们可以通过其规律进行相应的分析。

❑ **非结构化数据**：指没有固定模式的数据，如 WORD 内容、PDF 内容、PPT 内容，各种格式的图片数据、视频数据等。随着数据量不断增加，非结构化数据分析越来越多，如图像识别、人脸识别帮助查找罪犯，音频可视化让人人都可以在家学唱歌，视频监控报警关爱家中老人，等等。

2. 按数据价值分类

按价值从低到高分类，数据可以分为原始数据、经过处理的数据、可视化的数据、可洞察的数据、可决策的数据和可行动的数据，被称为 "数据价值链"，如图 2-2 所示。

❑ **原始数据**：未经加工处理的数据，如纸制文档、表格、图片，原始的 Excel 文档，业务系统直接记录的交易数据等。我们很难通过分析原始数据得到结论。

❑ **经过处理的数据**：指经过初步加工处理的数据，如经过清洗、关联、合并、聚合等方式处理后得到的数据。

❑ **可视化的数据**：指通过直观的方式展示出来的数据，比如通过图表、多维表格展示的数据。

❑ **可洞察的数据**：指将可视化的数据有组织地组合起来，成为有业务逻辑、有分析结论的数据。

❑ **可决策的数据**：指在可洞察的数据基础上，可以提供解决方案，为决策提供支持的数据。

❑ **可行动的数据**：指能够提供明确的建议解决方案，并明确其原因的数据。

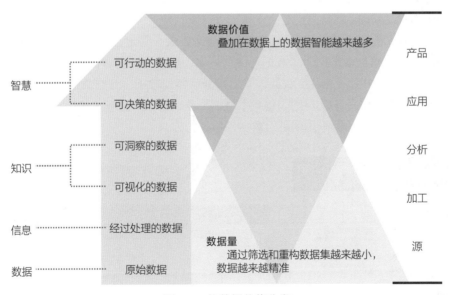

图 2-2　按数据价值分类

参考资料：TalkingData

这 6 个层次的数据层层递进，遵循 DIKW 从 "数据" 到 "智慧" 的模型体系。数据越来越精准，价值越来越高。

3. 按数据更新频率分类

按更新频率分类，数据可分为批式数据和流式数据。

❑ 批式数据：又被称为历史数据。复杂的批式数据处理时间跨度通常在数十分钟，甚至数小时。通常，这类数据在使用量不大的时候（通常是凌晨）采用 $T+1$ 方式进行更新；基于历史数据的交互式查询时间通常在秒级到分钟级，业务处理系统的查询时间能达到此速度。

❑ 流式数据：又被称为实时数据，通常处理时间可以达到毫秒级到秒级。

通常，批式数据和流式数据的处理方式不同。流式数据往往需要更多地占用硬件资源，需采用更复杂的算法进行处理。因为资源有限，所以我们可根据不同的使用场景，使用不同的处理方式，以便提升整体数据使用效率。

4. 按数据应用分类

按数据格式、数据价值分类依据的是数据的客观属性，按数据使用频率分类依据的是数据的使用方式，这些分类都可以能帮助我们更好地了解数据、处理数据。但是，不同的领域、行业、分析场景有着不同的分类需求，这时就需要有专属的数据目录或者通过给数据打标签的方式进行分类，我们这里称之为应用分类。

应用分类不同于上述 3 种分类方式，它没有固定的分类体系，具有很强的场景特性和灵活性。一些相对权威和业界认可的分类规范在大分类基础上，仍然有很大的自由发挥空间。

图 2-3 为截取的国家统计局和贵阳市政府数据开放平台上公开数据的分类方式。国家统计局将统计的表格类数据归为"数据查询"板块，形成分析报告的数据归为"统计公报"板块，"数据查询"中又分为月度数据、季度数据、年度数据、普查数据等。贵阳市政府数据开放平台则将数据分为 5 个类别，包括主题、行业、领域、服务、部门 / 区域。前者采用的是数据目录的方式，后者采用的是给数据打标签的方式。

图 2-3　按数据应用分类案例

　　两者的不同之处是，一个数据只能属于一个数据目录，但可以有多个数据标签。在实际使用中，我们可根据具体的场景需要选择数据目录、数据标签或两者相结合的方式进行分类。

2.2.2　寻找"好数据"

　　数据分析的目标是通过各种技术和方法让数据从"原始数据"逐步升级为"可行动的数据"。为了确保这个结果理想，我们需要在数据价值链的每一层中找到"好数据"。所谓"好数据"，就是有用的数据、有价值的数据，能在数据价值链中为下一链条奠定基础以达到最终分析目标的数据。要找到"好数据"，首先要知道它具备哪些特性。

- ❏　**数据来源可靠性**：包括数据的原创性、适当性、权威性。如果数据源头有问题，分析可谓是"从头错到尾"，谈何分析结论准确、可用。所以，数据分析时首先要明确的就是数据源头的可靠性，比如分析 GDP 数据时要以国家统计局发布的数据为准，对公司的市场分析要以披露的年报和月报为准，对人员情况统计要以人力资源部门提供的数据为准等。出具的分析报告注明可靠的数据来源，也有利于提高报告的可信度。
- ❏　**数据内容准确性**：数据的正确性。数据来源的可靠性一定程度上可以反映数据内容的准确性，但不能保证其准确性。比如从人力资源部门获取的人员信息，可能由于某员工入职时填写的信息错误而不准确，这时就需要有信息校验及核对机制来保障其准确性。
- ❏　**数据一致性**：包括数据格式的一致性、数据内容的一致性。数据不一致可能是收集数据时没有制定好规范导致的，也可能是不同源数据存储方式不同导致的。比如分析调查问卷的时候发现时间有的写"2019 年 2 月 23 日"，有的写"2019-2-23"；地址有的写"湖北"，有的写"湖北省"。这就需要我们在设计问卷时考虑到规范性，如限定数据格式（日期选择）、提供枚举选项而不是全开放式填写等，如果已经收集就需要对不规范的问卷数据进行逐一清理。再比如大型企业信息化建设开始时采用业务部门分别构建系统的模式，未建立主数据，各部门维护一套组织、人员信息，大概率会出现信息不一致的情况，单单一个人名后面是否加数字或加的数字是否一致，就已经非常令人头痛了。
- ❏　**数据及时性**：数据的时效性。世界变化之快，每项决策都是有时间限制的。在做出决策之前，数据若未能提供辅助支持，便失去了价值。如果无人驾驶汽车未能及时获取当前车道对面车辆行驶信息，后果可想而知，所以需要 5G 确保数据传输的时效性、大量的机器学习保证算法的准确度以及试验，以保证"可执行数据"的准确性。当然，不是所有应用场景都要求像无人驾驶一样对数据如此高的时效性，但毋庸置疑，都需要在决策之前及时获取数据的分析结果和指导性意见。
- ❏　**数据丰富性**：数据的多维性和数据量足够大。世间事物都存在着多面性，看过《奇异博士》的话你就能体会高维空间带来的不一样视角。多维、立体地看待数据更有利于快速、有效查找数据问题。比如，某企业发现融资成本率偏高，通过按单位、融资方式、融资期限、融资机构各维度进行分析，快速定位出是某单位在中国银行一笔五年期的借款尚未归还。且央行贷款基准利率下调但该借款合同并没随调，所以相较其他合同利率偏高。如果维度信息不够丰富，银行很可能需要通过逐一查找数据的方式进行分析。以前分析手段不够先进时，我们大多采用抽样分析方式。随着大数据技术的发展和成熟，全量数据分析成为可能。比如，以前分析展厅的人流量，我们可能采用抽样采访的方式，或是采用定点设置人员进行统计的方式；现在通过图像识别机器就可以准确统计人流量，或通过在展厅地面布置感应器的方式，实时展示各区域火爆程度的热力图，以便直观、准确、实时地展示人流量情况。

❑ **数据粒度精细性**：数据粒度足够细及数据精度够高。我们在分析时常常遇到数据信息不全面、只有汇总数据无法穿透明细的困扰。比如我们从统计局网站获取各地区分年龄段、性别的统计数据，发现在年龄维度是按"0岁、1~4岁、5~9岁、10~14岁……"进行统计的，那么我们就无法获取该地区10岁男孩的人口总数。当然，统计局也没必要公布过细的数据，但如果数据粒度不够，就很有可能无法满足分析需求。另外就是数据精度，例如某大型企业在统计销售额时以"万元"为计量单位，如果查询明细时仍以"万元"进行计量，那么小于万元的销售额显示为0，导致无法如实反映真实的业务数据。

❑ **数据有效性**：数据的可用性。在数据处理、数据接入过程中，我们可能会遇到突发情况。比如网络抖动可能导致智能设备重新获取数据，进而导致部分数据重复，这时候就会产生一部分无效数据，需要打标签进行过滤，使其不参与分析。数据质量不高、可能影响分析结果的数据都可以归为无效数据。

❑ **数据相关性**：数据与决策目标之间的关系。数据的相关性是需要正确看待的一项指标。如果不相关的数据参与模型计算，很可能污染算法信息；如果相关数据的权重偏高，也会影响分析结果，且数据的相关性越高，对分析结论的影响程度就越大。

❑ **数据安全性**：数据的物理安全性与数据隐私性。数据是个人或企业的资产，因此我们需要保证其存储媒介的安全性，这就需要有各类容灾策略，比如保障资料馆安全、机房安全、网络安全、数据备份和恢复机制等。除了物理上的数据安全性，还有一个很重要的数据安全性就是数据隐私性，比如银行账户的数据，谁也不会愿意自己的"小金库"公之于众。此时，数据权限、数据隔离就显得尤为重要。

了解"好数据"的标准，才能保证数据分析的每一步都朝着正确的方向迈进，以最短的路径找到决策方案。

2.2.3 向"数据科学家"看齐

数据科学（Data Science）是探索、研究数据奥秘的理论、方法和技术通过使用各种科学方法、算法从大量数据中提取见解。

　　亚马逊一份报告中有一张非常形象的数据科学家画像，如图 2-4 所示。可见，数据科学家需要具备将艺术与科学结合的技能，需要横跨多个学科以获得大数据分析和洞察能力。

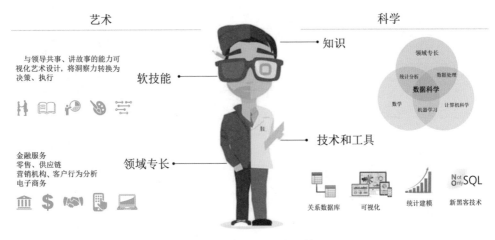

图 2-4　数据科学家画像

数据来源：NewInternetOrder。

　　为了帮助大家向数据科学家迈进一步，本书会从知识、工具以及案例方面进行介绍。首先了解几个概念。

- ❑ 统计分析：根据既定的数学公式和规律，对数据进行客观的分析。
- ❑ 可视化：通过计算机图形学和图像处理技术，首先将数据转换成图形或图像在屏幕上显示，再进行交互处理。
- ❑ 人工智能：目前最贴切的说法应该是"人工智能（AI）是一门科学，这门科学让机器做人类需要智能才能完成的事"。
- ❑ 机器学习：AI 的一个分支。AI 系统需要具备自己获取知识的能力，即从原始数据中提取模式的能力，这种能力被称为"机器学习"。
- ❑ 深度学习：机器学习领域的一个新的研究方向。计算机通过层次化的方式先构建较简单的概念再学习复杂的概念。绘制出的这些概念彼此关系的图是一张很"深"（层次很多）的图，因此被称为"深度学习"。
- ❑ 知识图谱：AI 的另一个分支。它是一种用图模型来描述知识和建模世界万物关联关系的方法。

2.3　数据分析之"层"

　　从"原始数据"到"可行动的数据"的逐步转换过程可以分为不同层次，以便进行分析。分析层次由浅入深可以为描述性分析、诊断性分析、预测性分析和指导性分析（见图2-5）。

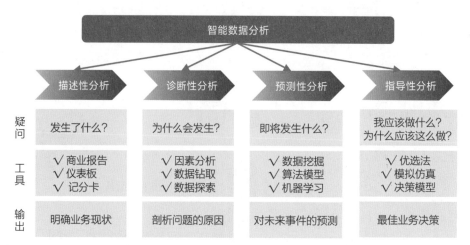

图 2-5　智能数据分析的 4 个层次

第一个层次：描述性分析（Descriptive Analytic）。这是数据分析最基础、最简单的层次。它通过将大数据压缩变成容量更小的信息，以总结发生了什么或正在发生什么。通常情况下，其通过商业报告、仪表板、记分卡等形式来承载。企业构建的数据仓库为数据分析所用，也属于描述性分析层次。事实中，超过80%的业务分析会通过描述性分析来实现，所以其实它是应用最广泛的方法。

第二个层次：诊断性分析（Diagnostic Analytic）。它是在描述性分析基础上，继续探求产生此种结果的原因的分析，也就是解决"为什么会发生"的问题。比如，我们去医院做各种检查，抽血、拍片的报告都属于描述性分析范畴，而医生通过进一步诊断推测结果产生的原因，再通过其他检测获取印证，这就是诊断性分析过程。

第三个层次：预测性分析（Predictive Analytic）。它是利用各类统计、建模、数据挖掘工具对已发生的数据进行研究，从而对未来进行预测的分析。其目的不是要准确说明将来一定会发生什么，而是预测未来可能发生什么。所有的预测分析结果本质上都存在一定的概率。比如天气预报，大量的数据学习及气象学的长足发展让天气预报越来越准确，但谁也无法保证天气一定会和预报完全相符。

第四个层次：指导性分析（Prescriptive Analytic）。它借助新兴技术，通过一个或多个动态指标显示每一个决策结果。指导性分析又称为规范性分析，对数据分析的每个环节、每个步骤、每个流程、每个岗位都设有一定的标准。分析结果更具准确性，可直接作为业务决策使用。它超越描述性分析和预算性分析，在预测性分析的基础上增加了跟踪能力，通过行为数据预测结果，并具备追溯能力，是真正的可解释型 AI 分析。

如何进一步加深对这 4 个数据分析层次的理解呢？数据分析的目标是通过对数据的分析来指导人做出决定并采取行动。而数据分析的这 4 个层次正是从不同程度帮助人们做决策。

如图 2-6 所示，通过描述性分析，人们能掌握一定的信息，但还是需要加入大量的经验作为判断依据。随着分析层次的深入，人为判断所占的比重越来越少，理想的指导性分析可以完全帮助人们快速做出决策并采取行动，且能清晰展示采取行动的原因，并可以根据环境因素的变化对决策和行动做出及时调整。

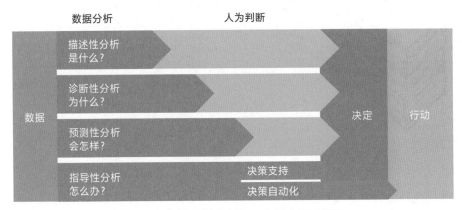

图 2-6 智能数据分析的 4 个层次层层递进

看到这里，你可能会说，是不是只有指导性分析才能称为智能分析？其实不然，在智能分析时代，这 4 个层次的分析必不可少，并且每一个层次上的分析都可以通过智能化手段提高分析效率及准确度。接下来，我们会对 4 个层次的分析做详细阐述。

2.3.1 描述性分析

描述性分析可谓在生活中、企业管理中处处可见。小到个人月消费数据，大到企业年报、国家级宏观经济数据统计，都是描述性分析。从结果来看，其可以是总结性的话语，可以是统计表格，也可以是图形化展示。

俗话说，"一图胜千言"。可视化的重要性不言而喻。可视化有助于理解，可以帮助加深印象，甚至可以直接提供决策信息。

1. 从单据到表格

最基础的可视化是将杂乱无章的数据表格化，使之有条理、清晰地展示出来。比如从单据转为表格就是一种基础的可视化方式，如图 2-7 所示。

记得某年 5 月 20 日，闺蜜拉我去参加一个高校校友相亲会。活动在一个高档小区的售楼部举行，现场"有山有水"很有气氛，共 50 人（男女各 25 人）报名参加。在主持人的带领下，经过破冰交谈及游戏环节后，报名者在小卡片上写下自己心仪对象的号码，每个人可以选 3 个，并确认优先级。工作人员收集卡片后汇总统计数据，选出互选最佳的 3 对，赠送丰厚的礼品。闺蜜知道我是做数据分析相关工作的，于是让我负责统计工作。

图 2-7　从单据到表格

　　了解游戏规则之后，趁投票和收小卡片的空档，我画了个表。等小伙伴们把小卡片收起来并唱票后，我将对应表格填满，就形成了图 2-8 所示的表格。

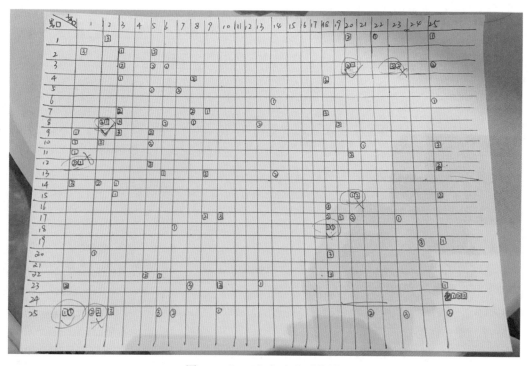

图 2-8　"5.20"相亲配对统计

　　分析思路是，通过二维表格记录互选结果，再将互选结果匹配得出最终结论。这其中需要区分的信息就包括"男选女"还是"女选男",选择顺序是 1、2 还是 3,选择人、被选择人的号码分别是什么。每一个需要区分的信息都要用不同的符号来表示,但二维表是没有办法记录所有信息的,由于手边可用工具有限,我选择了"表格 + 形状 + 数字"的方式。

表格中,25 行分别代表 25 个男同学,25 列分别代表 25 个女同学,男同学写的小卡片用"□"表示,女同学写的小卡片用"○"表示,里面的数字代表的是优先级,也就是第几个目标对象。比如,2 号女生的第 3 位中意对象是 8 号男生,那么就在第 2 列第 8 行画上一个"③"。

通过这个表,我们就能一眼看出,既有"□"又有"○"的代表配对成功,并用大一点的圆圈划出符合条件的格子,一共 8 个。在这 8 个中,我需要选择出符合条件的 3 对。最终通过优先级筛选,确定"女 1 ♡ 男 25""女 18 ♡ 男 18""女 20 ♡ 男 3"三对优胜。

这是一个小型的游戏型统计分析,采用表格的方式对大量表单数据进行统计分析。

2. 从表格到图表

大量的数据分析采用表格的方式展示,企业也在为各类报表分析不断投入人力和物力。但密密麻麻的数字让人眼花缭乱,很可能一眼看不到重点。如何一针见血地突出想表达的观点?大多数情况下我们还要通过形象化的图表,如图 2-9 所示。图表有很多种表现形式,常见的有柱状图、饼图、折线图。随着表现形式越来越丰富,人们更容易通过数据来力证自己的观点。

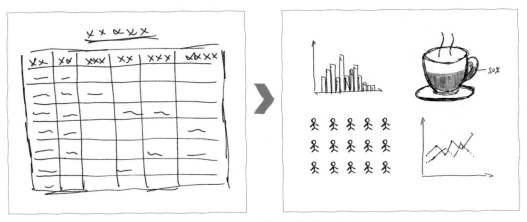

图 2-9　从表格到图表

举一个简单的例子,表 2-1 是从国家统计局网站获取的我国国民生产总值的数据。我们通过表格可以获知各年 GDP(国内生产总值)的数据,计算出各年增长率。但是,如果希望了解各年数据的趋势变化,我们就需要通过肉眼比较来获取信息。

表 2-1 国内生产总值（2000 年起）

年份	第一产业增加值（亿元）	第二产业增加值（亿元）	第三产业增加值（亿元）	国内生产总值（亿元）	国内生产总值增长率
2018	64 734.0	366 000.9	469 574.6	900 309.5	9.69%
2017	62 099.5	332 742.7	425 912.1	820 754.3	10.90%
2016	60 139.2	296 547.7	383 373.9	740 060.8	7.88%
2015	57 774.6	282 040.3	346 178.0	685 992.9	6.97%
2014	55 626.3	277 571.8	308 082.5	641 280.6	8.15%
2013	53 028.1	261 956.1	277 979.1	592 963.2	10.10%
2012	49 084.5	244 643.3	244 852.2	538 580.0	10.38%
2011	44 781.4	227 038.8	216 120.0	487 940.2	18.40%
2010	38 430.8	191 629.8	182 058.6	412 119.3	18.25%
2009	33 583.8	160 171.7	154 762.2	348 517.7	9.17%
2008	32 464.1	149 956.6	136 823.9	319 244.6	18.20%
2007	27 674.1	126 633.6	115 784.6	270 092.3	23.08%
2006	23 317.0	104 361.8	91 759.7	219 438.5	17.15%
2005	21 806.7	88 084.4	77 427.8	187 318.9	15.74%
2004	20 904.3	74 286.9	66 648.9	161 840.2	17.77%
2003	16 970.2	62 697.4	57 754.4	137 422.0	12.90%
2002	16 190.2	54 105.5	51 421.7	121 717.4	9.79%
2001	15 502.5	49 660.7	45 700.0	110 863.1	10.55%
2000	14 717.4	45 664.8	39 897.9	100 280.1	10.73%

数据来源：国家统计局 http://data.stats.gov.cn/easyquery.htm?cn=C01。

　　但是，如果换成图表（见图 2-10），我们就可以通过柱子的高低和线条的形状直观地看出 GDP 总额（第一产业、第二产业、第三产业增加值合计）逐年呈递增趋势，但 GDP 增长率呈波动状。这就是图表的魅力所在。

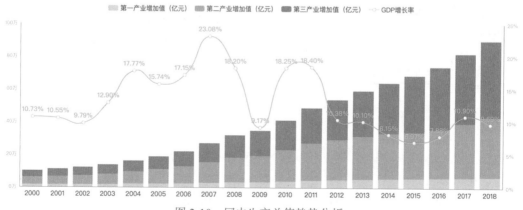

图 2-10　国内生产总值趋势分析

3. 从图表到报告

每个图表都饱含着数据的价值，但往往需要配合文字描述，以及多图表的组合形式，才能真正把数据的故事讲出来。这时候就需要形成数据分析报告，如图 2-11 所示。这里说的"报告"是广义上的报告，可以是传统意义上理解的以 Word 为载体的图文并茂的报告，也可以是将最关注的指标在炫酷的仪表板展示。

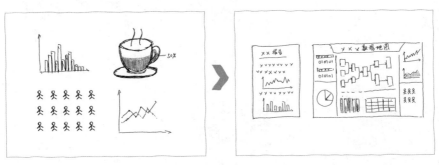

图 2-11　从图表到报告

比如宏观经济相关数据统计，独立的图表很难完整地表达数据信息，可以通过报告的形式，将文字、数字组合形成报告，如图 2-12 所示。

图 2-12　经济活动分析报告

我们也可以通过直观的可视化仪表板进行展示。这种场景更适合于大屏展示，或是日常 PC 端的分析看板，如图 2-13 所示。

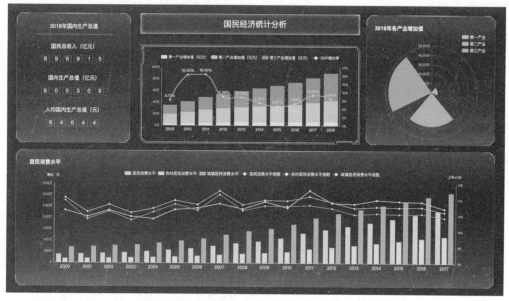

图 2-13　国民经济统计分析看板

故事化的报告用更美观的方式展示了数据间的关系，分析得出的结论信息集"美貌"与"内涵"于一体。

2.3.2　诊断性分析

描述性分析如实展示事物发展的规律，这是最基础层次的总结。我们还需要通过诊断性分析来探究发生的原因，找到合适的决策方案。

1. 因素分析法

各领域已经有较成熟的传统分析模型，通常指标的影响因子是相对确定的，但不同的场景中各因子对模型分析的影响程度并不相同，这样的分析方法被称为因素分析法。

因素分析法的典型应用是财务分析中的各类指标。下面以最基础的资产负债率为例进行介绍。

我们定义核心指标为 Y，影响因子为 X_1、X_2、$\cdots$、X_4，指标间的关联关系为 $Y = F(X_1, X_2, \cdots, X_n)$，连环替代值为 M，单因素变动影响为 ΔY。

核心指标资产负债率和相关影响因子公式如下：

$$资产负债率(Y) = \frac{负债总额}{资产总额} \times 100\% = \frac{流动负债(X_1) + 非流动负债(X_2)}{流动资产(X_3) + 非流动资产(X_4)} \times 100\%$$

某企业 2019 年资产负债情况如表 2-2 所示。

表 2-2　样例数据

分解因素	本年累计	上年同期
负债总额	171 032 152.76	173 042 556.02
流动负债	103 237 186.19	102 620 404.79
非流动负债	67 794 966.57	70 422 151.23
资产总额	369 867 381.66	353 154 332.23
流动资产	39 969 860.95	42 168 191.40
非流动资产	329 897 520.71	310 986 140.83
资产负债率	46.24%	49.00%

分析采用连环替代的方式，即根据各因素之间的依存关系，顺次用各因素的比较值（通常为实际值）替代基准值（通常为标准值、计划值或上年同期数），计算每个因子对本期数据变化的影响。计算方式如表 2-3 所示。

表 2-3　因素分析连环替代

影响因素（X_n）	连环替代（M）	单因素变动影响（ΔY）
流动负债、非流动负债、流动资产、非流动资产取年初余额	$M_0 = F(X_{01}, X_{02}, X_{03}, X_{04})$	
流动负债取年末余额，非流动负债、流动资产、非流动资产取年初余额	$M_1 = F(X_{11}, X_{02}, X_{03}, X_{04})$	$M_1 - M_0$
流动负债、非流动负债取年末余额，流动资产、非流动资产取年初余额	$M_2 = F(X_{11}, X_{12}, X_{03}, X_{04})$	$M_2 - M_1$
流动负债、非流动负债、流动资产取年末余额，非流动资产取年初余额	$M_3 = F(X_{11}, X_{12}, X_{13}, X_{04})$	$M_3 - M_2$
流动负债、非流动负债、流动资产、非流动资产取年末余额	$M_4 = F(X_{11}, X_{12}, X_{13}, X_{14})$	$M_4 - M_3$

以流动负债的因素变动影响为例，计算公式如下：

$$流动负债因素变动影响(\Delta Y_1) = M_1 - M_0 = \frac{流动负债(X_{11}) + 非流动负债(X_{02})}{流动资产(X_{03}) + 非流动资产(X_{04})} \times 100\%$$

$$= \frac{103\ 237\ 186.19 + 70\ 422\ 151.23}{42\ 168\ 191.40 + 310\ 986\ 140.83} \times 100\% - 49\%$$

$$= 0.17\%$$

依此类推，通过连环替代法计算出的资产负债率各因素的变动影响如表 2-4 所示。可见，非流动资产对资产负债率的影响最大。

表 2-4 资产负债表因素分析

分解因素	年末余额	年初余额	较上年增减额	连环替代	因素变动影响
负债总额	171 032 152.76	173 042 556.02	−2 010 403.26		
流动负债	103 237 186.19	102 620 404.79	616 781.40	49.17%	0.17%
非流动负债	67 794 966.57	70 422 151.23	−2 627 184.66	48.43%	−0.74%
资产总额	369 867 381.66	353 154 332.23	16 713 049.43		
流动资产	39 969 860.95	42 168 191.40	−2 198 330.45	48.73%	0.30%
非流动资产	329 897 520.71	310 986 140.83	18 911 379.88	46.24%	−2.49%
资产负债率	46.24%	49.00%			

2. 追溯与洞察

分析很难一蹴而就，总是需要根据分析结果进一步探索，这就是追溯与洞察。

接着上面的例子，我们已经分析出非流动资产对资产负债率的影响较大，那么非流动资产内部具体是哪个指标对资产负债率影响最大呢？

图 2-14 展示了资产负债率指标影响因子。根据资产负债率计算公式，通过上述例子中的因素分析法，对下一层指标的影响因素进行分析，可以追溯下级因子的影响程度，如图 2-15 所示。

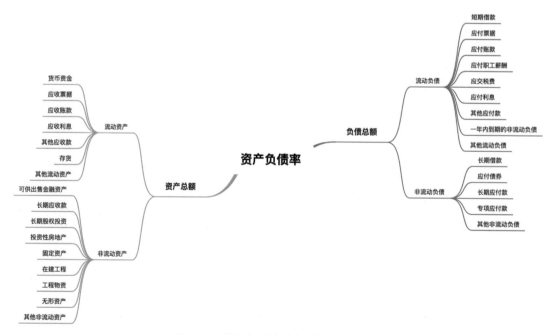

图 2-14 资产负债率指标影响因子分解

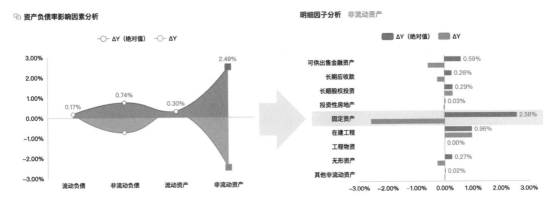

图 2-15　数据追溯

追溯和洞察的方式很多，或根据业务的逻辑性层层下钻，或根据不同的维度不断地探索原因。随着探索分析工具不断更新，在数据分析过程中进行快速的下钻、联动、穿透成为可能，通过简单的设置、拖拽、筛选就能很快地查找、分析数据。

3. 相关性与因果性

说起相关性，我们一定会想起流传了 20 多年的"尿布与啤酒"的故事。故事讲的是一家叫 Teradata 的咨询公司通过分析海量数据发现某超市（大部分说是沃尔玛，也有说是"7-11"便利店）在工作日的下午 5 点到 7 点之间啤酒和尿布的零售额有显著的相关关系。经过大量的调查和分析，发现在美国，太太们常常叮嘱丈夫下班为小孩买尿布，而他们大多会同时带回自己最喜欢的啤酒。后来，超市将尿布和啤酒摆在一起出售，两者的销量大大增加。虽然后来被证实故事有夸大的成分，但今天依然被当成大数据研究的经典案例写入各类大数据分析教材。从逻辑上讲，这是一个典型的从相关性规律探索因果性关系的案例。

之前讲到的因素分析法、追溯和洞察，通常是已知事物可能存在的影响因素，通过对数据的分析、探索，证明哪类因素的影响程度最大，以提供信息来支撑决策。而从相关性到因果性分析大大不同，它是在对可能存在的影响因素未知的情况下，通过大量的数据规律来确定相关关系，然后再通过大量实验去证明因果关系的存在。这里要注意的是，有相关性并不代表有因果性，比如"夏天天气热"和"游泳溺死人数""冰激凌销量"之间分别存在因果关系，从数据上看，"游泳溺死人数"和"冰激凌销量"存在相关关系，但并不能说明存在因果关系。

诊断性分析往往需要先通过大量的数据发现事物的相关性，再通过研究证明其因果性。这是一件不容易的事情。

例如在医学领域，大家普遍认可保持良好的心情对治愈癌症或控制癌症的发展有帮助。确实有非常多的案例证明了治愈的可能性，但是谁能保证这不是个案。《每个人的战争》一书中，斯坦福大学的精神病学家大卫·史皮格尔曾经做过一项调查：把一些病情类似的、被判定只有数月寿命的乳腺癌转移患者分成几组，其中一组被要求成立互助小组，成员每周见面，分享自己的情绪和应对疾病的方法，另外几组则不做任何互动。后来，史皮格尔打电话给组成互助小组的成员家庭回访，原来 50 人中有 3 人亲自接了电话，此时，距离她们发现癌症已经过了 10 年。而对照组的 36 名女性已经全部去世。而且，在同样去世的人当中，参与互助小组的平均存活时间是其他人的 2 倍。实际的案例证明，互动让患者疏解心中郁结，心情变好，二者存在强相关性，可能存在因果性。但是，受样本的限制，真正证明好心情确实有助于治愈癌症还有很长的路要走。不论怎样，我们还是会先选择相信，用积极乐观的心态去面对生活。

相关性、因果性分析通常是通过部分数据的现象猜测其关系，总结出相关的计算模型，再通过大量的数据进行验证，最终应用于推测场景。

2.3.3 预测性分析

在描述性分析和诊断性分析的基础上，通过对数据的研究，进一步总结规律，再通过算法模型等方式对未来进行预测，这就是预测性分析。

环境保护、节能减排备受关注，去除燃烧烟气中的氮氧化物，已作为世界范围内的问题被尖锐地提了出来。火电厂对氮氧化物排放量有一定标准。这时就需要用到"脱硝"技术。

目前，业内采用的主流脱硝技术为 SCR 和 SNCR。SCR 技术采用催化剂加喷氨的方式实现 NO_x（氮氧化物）浓度的降低。为保证 NO_x 浓度符合国家标准，我们需要通过算法来预估 NO_x 浓度，从而计算氨的浓度。某电厂专门建设了机组智能喷氨分析站，通过智能的手段来降低资源的消耗。

图 2-16 展示了 SCR 喷氨脱硝工艺流程，以便理解预测的目标。图中展示的是从烟气产生到被排出的全过程，智能喷氨分析站需要关注的主要是通过 SCR 技术降低 NO_x 浓度的环节，也就是图中用蓝色底色标出的部分。

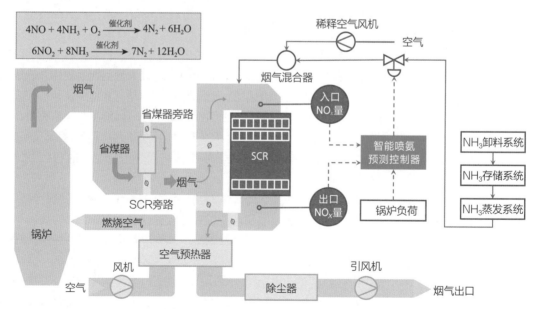

图 2-16　SCR 喷氨脱硝工艺流程示意图

智能喷氨分析站通过在入口、出口处安置测点，通过测点记录入口、出口 NO_x 浓度数据，发现负荷波动、温度情况，并输入智能喷氨数据模型，完成时序预测数据、实际数据的对比，并直观展示预测数据、对比预测数据准确性，不断优化分析模型，向越来越准确的方向迭代。目前，上述流程在某个电厂的准确率可以达到 99%。

输出数据的可视化展现如图 2-17 所示。这里通过实时动态曲线来展示 NO_x 浓度预测值和实际值，以便及时调整预测模型，最终对氨气、催化剂的投放量做出正确判断。

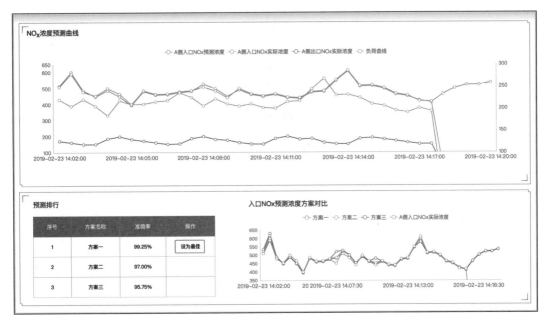

图 2-17　NO_x 浓度预测

预测性分析与业务有非常强的关联性，不同场景下的预测模型、方案大概率是不同的，通用的预测方案通常并不准确。

2.3.4　指导性分析

指标性分析是在描述性分析和预测性分析的基础上，通过可解释的模型体系，让整个分析更具规范性、指导性，并可以通过灵活调整参数的方式完成分析，真正提供决策支持。

指标性分析往往会用到描述性分析和预测性分析，并在此基础上做更智能的决策，所以常常会造成概念上的误解。我们以攀岩为例，对运动员历次攀岩天气、身体状况、成功与否的记录是描述性分析；根据环境因素、运动员身体情况对攀岩成功率的预测是预测性分析；根据各类因素推荐攀岩的成功路线，才是真正的指导性分析。所以，指导性分析需要建立在描述性分析和预测性分析准确的基础上，否则提供的指导意见很可能是错误的。

接着说攀岩的例子，注意我们这里的攀岩特指户外、较长路线的攀岩。通常意义上理解的攀岩指导性分析如图 2-18 所示，通过计算每步的成功率得出所有路线的综合成功率，提供成功率最高的路线作为指导意见。这里要考虑的因素有运动员的身高、体重、臂长、腿长、历史攀岩中记录的可伸展的角度、天气情况、地形状况等。

图 2-18　根据历史数据预测每步的成功率

如果仅仅做到这样，那么也只是"预测性分析＋人为判断"，因为它虽然从数据上预测出了各方案的成功率，但无法及时适应变化，比如光线、温度、风力、是否下雨等，并未真正对决策起到指导作用。进一步的改进方案是，给运动员穿上智能监测设备，设备可实时监测外部环境和运动员的身体情况，通过持续学习的方式来不断优化路线，为运动员提供实时响应的路线指导，如图 2-19 所示。

持续学习

图 2-19　实时响应的路线指导

指导性分析能为每一步决策提供支持，可以根据参数的变化敏捷地调整方案，提供多种解决方案并排出优先级。

从目前的使用来看，描述性分析和诊断性分析仍占主导地位，预测性分析和指导性分析逐步从理论转向实践，正在通过各类大大小小的具体场景落地来生根发芽。

2.4　数据分析之"法"

要做好数据分析，首先要有正确的分析思维，其次就是掌握较好的分析方法。

2.4.1　分析思维

过去人们通常通过定性分析的方式进行决策，直白一点就是管理者、决策人"拍脑袋"做决定，他们往往通过个人管理经验或直觉判断，这种决策方式导致结果的不确定性很大，失误的概率也很大。随着数据科学的发展，数据逐渐被有意识地存储下来，并可以通过大数据、各种算法模型进行计算、分析，为决策者提供更多的依据。分析工具的不断完善、低门槛化也让更多的人参与到数据分析中来，这就需要参与人拥有分析思维，才能更好地为决策者提供服务。

那么，究竟何为"分析思维"？它其实是一个宽泛而抽象的概念。首先，从思想上要认可从数据中可以发掘价值，用数据说话的理念；其次，有强逻辑思维能力，能发现数据间的关系；最后，不仅要懂数据，还要懂业务，从商业本质出发，探寻数据规律，总结经验。

如图 2-20 所示，通常情况下数据分析需要经过获取、组织、分析、传递 4 个步骤。在这个过程中，目标是从客观存在的数据中洞察出价值，以便采取正确的行动。要实现这个目标，需要做到目标明确、思路清晰、逻辑严谨、掌握方法、迭代探索。

- ❑ 目标明确：明确分析目标，是要通过数据洞察并确定具体的行动目标，使数据分析不偏离轨道。
- ❑ 思路清晰：明确数据分析的步骤是先获取数据，再通过组织加工得到处理后的信息，再进一步通过分析转换为知识，最后通过传递形成价值的过程。
- ❑ 逻辑严谨：每一个分析场景都有业务逻辑性，比如一般先由总到分，分析整体情况后根据业务逻辑关系查找原因，通过各维度的数据做证明，避免数据漏洞导致分析错误。
- ❑ 掌握方法：要了解数据分析的基本方法，更重要的是要学会如何找到最佳分析方法。因为数据分析方法非常多，算法也多种多样，一下子穷尽并了解所有的方法是不现实的。相较来说，先大致了解分析方法的类别，知晓其解决问题的范围，遇到具体问题再详细学习并应用是最高效的方式。
- ❑ 迭代探索：随着数据量增大、数据种类多样化，想要通过一次性分析得出最终结论的场景越来越少。所以，我们更重要的是要总结规律，发现数据规律后及时调整分析方法，无论自己分析还是利用机器学习分析，都需要有迭代探索的思维。

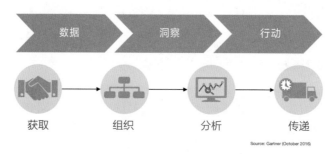

图 2-20　数据分析过程

2.4.2　分析方法

俗话说"巧干能捕雄狮，蛮干难捉蟋蟀"，凡事都要讲究方法和技巧。数据分析也是一样，需要掌握一定的方法。正如第 1 章讲过的数据分析思路和方法的发展历程，数据分析方法早在 17 世纪就有了基础的理论体系支撑，但到计算机诞生数据分析才得以真正发展；数据库、数据仓库的诞生为数据分析奠定了基础；随着硬件不断革新和软件技术突飞猛进，数据智能时代到来，数据分析方法也越来越趋向朝自动化、智能化方向发展。但是，无论技术如何发展，数据分析整体的思路万变不离其宗，基础的方法论并不会被颠覆，只是在其之上发展出诸多技术，使数据分析方法有了更强的突破。

在第 1 章中，DIKW 体系与 CRISP-DM 是通用的数据分析方法论。那么，企业数据分析体系应当如何建设呢？遵循业界公认的理论体系，结合我们实际帮助企业建设分析平台的经验，可总结出图 2-21 所示的步骤。

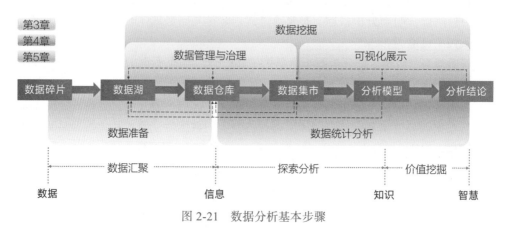

图 2-21　数据分析基本步骤

对于企业来讲，数据分析主链路需要经历"数据汇聚—探索分析—价值挖掘"3 个步骤，分别对应"数据—信息""信息—知识""知识—智慧"3 个阶段。具体来说，"数据汇聚"

是指从数据碎片到数据湖，通过数据清洗、加工、治理后形成规范的数据仓库；通过对分析场景的商业理解，总结出可直接分析、展示的数据集市，进一步形成可视化分析模型（即探索分析）；通过对数据的深度挖掘，提供推荐、预测结论，并将分析结论进行分享、复用，形成知识的传递，实现价值挖掘。这 3 个过程中的每一个环节环环相扣、相辅相成、迭代循环，后面的分析过程随时都可能反馈到前面的过程，进而不断修正分析结论。

从数据到智慧的过程，我们从分析方法上总结了 5 个部分，分别为数据准备、数据管理与治理、数据统计分析、数据挖掘和可视化展示。无论在数据分析的哪个部分，上述过程都是必要的步骤。进入智能分析时代，每个环节中都可以融入智能分析方法，可谓"智能无处不在"。

2.5　本章小结

本章通过"为什么""是什么""有什么""怎么办" 4 个方面介绍了智能数据分析相关的基本知识。接下来将对图 2-21 所示的步骤进行详细阐述，第 3 章介绍、数据资产管理相关方法，第 4 章介绍数据统计与数据挖掘相关方法，第 5 章重点就数据可视化分析做阐述。

理论方法

数据资产管理

俗话说"巧妇难为无米之炊"，要做好数据分析，先要找到"米"，也就是我们第 2 章中提到的"好数据"。如何获取数据，又怎么能在数据中找到真正有用的"好数据"，是本章探讨的重点问题。

研究表明，在数据分析整个过程中，数据准备大约占 80% 的时间。把数据收集起来，并确保数据可直接用于分析，是最麻烦、最耗时的事情，这在企业级数据分析中也被称为"最脏最累"的活。倘若数据未处理妥当，再炫酷好看的可视化展示也毫无意义。如果你参与过大型企业 BI 系统的建设，那就一定有所感触。无数的决策分析系统成为临时的"形象工程"，名声大噪之后无人问津，原因大多是后续数据不准确，无法真正为业务、管理提供实质的服务。这实为数据分析项目建设的悲哀。

美国著名的管理学大师汤姆·彼得斯（Tom Peters）在 2001 年就指出："一个组织如果没有认识到管理数据和信息如同管理有形资产一样重要，那么它在新经济时代将无法生存。"这其实说的就是"数据资产管理"。之所以把数据称为"数据资产"，是因为其具备资产的特性，从会计学对资产定义的角度看，其未来可以带来经济效益且由企业和组织控制或拥有。那么，数据资产管理就可以理解为：以资产管理的方法结合数据的特征，管理好数据从产生、流转、存储、整合、分析、价值发现，到归档与消亡全生命周期的每个环节。

做好数据资产管理，恰恰是解决数据不准确问题，确保输出"好数据"，使数据分析发挥有效价值的基础保障。如果把数据资产管理的过程比作制作大餐的过程，那么本章侧重探讨的内容是：如何进行数据的生产、流转、存储及整合，为数据分析与价值发现提供好的"食材"，为最终做出"大餐"提供服务，即数据准备；如何从做"大餐"的过程中汲取经验，以便在下一次更加快速、有效地选择更好的"食材"和"调料"，即数据治理。

3.1　认识数据资产管理

在深入探讨数据准备和数据治理之前，我们先来认识一下数据资产管理，主要从其发展历程和基本内容两方面来理解。

3.1.1　发展历程

虽然数据资产管理近些年才被提出来，但其体系可以追溯到 20 世纪 60 年代。计算机的诞生让数据存储成为可能，存储技术的发展推动了数据资产管理的产生。因此，数据资产管理离不开技术的革新和发展，日益增长的数据需求不断地对技术提出更高的要求，技术的发展又促进数据管理、数据分析不断推陈出新，向更高速、更智能的方向发展。

从技术发展角度看，数据资产管理系统经历了 4 代[⊖]，如图 3-1 所示。

图 3-1　数据资产管理系统的发展

- ❑ **第 1 代：层次和网状数据库系统。** 数据资产管理系统可以追溯到 20 世纪 60 年代。当时，文件中的数据是独立存储的，面向的应用也是单一的，所以第 1 代数据资产管理系统重点解决的是数据存储和访问的问题。在这一时期，层次和网络数据库出现，它们实质是以树的结构来表达数据的存储和访问，但是只能实现从父节点的值层层检索子节点数据，要获取检索结果就得采用遍历的方式。比如，查找某企业员工的信息，必须从部门到小组再到具体的员工。
- ❑ **第 2 代：关系数据库系统。** 20 世纪 70 年代，数据查询和访问需求不断增加，促使人们探索更有效的数据管理及存储、访问模式。1970 年 6 月，IBM 的埃德加·弗兰克·科德（Edgar Frank Codd）发表题为 "A Relational Model of Data for Large Shared Data Banks" 的论文，文中首次提出了数据库关系模型这一概念。在此理论基础之上，SQL 诞生。SQL 语言基本结构由 3 个句子组成：SELECT 子句指定呈现的列，FROM 子句指定表，WHERE 子句指定对行的选择条件。清晰的关系型数据结构大大提高了信息系统的开发效率。为此，1981 年他获得"关系型数据库之父"的荣誉。接着上面的例子，利用关系型数据库查询某企业员工，仅需要一条 SQL

⊖　参考资料：杜小勇，卢卫，张峰. 大数据管理系统的历史、现状与未来 [J]. 软件学报，2019, 30(1)：127-141.

语句就可以完成。

- 第 3 代：数据仓库系统。随着数据库技术的普及和应用，越来越多的数据被记录、存储。数据的增长带来了数据分析要求的提升，使得分析变得越来越复杂，在时间的高效性、维度的多样性方面对技术提出新的挑战。双模 IT 模式应运而生，OLTP（On-Line Transaction Processing，联机事务处理）和 OLAP（On-Line Analytical Processing，联机分析处理）的概念被正式提出。为实现 OLAP 模式应用，数据仓库系统诞生。数据仓库系统通常采用星型模型存储，可以通过事实表和维表存储，也可以通过立方体模型存储。在这一时期，列式存储模型也在逐渐被应用。人才信息库的大批量数据查询成为可能。

- 第 4 代：大数据管理系统。互联网的飞速发展带来数据的指数级增长。同时，数据仓库在海量、实时、非结构化数据处理方面显得力不从心。分布式存储、HDFS、NoSQL 的诞生为数据管理、数据存储带来了新的契机。复杂的人际网络关系、个性化的画像信息、AI 智能推荐成为新的分析方向，为新型商业模式打下了坚实的基础。NoSQL 很好地弥补了 SQL 不擅于处理大容量、非结构化数据的缺陷。但事实上无论从程序的继承角度还是从提高生产率角度看，SQL 都是不可或缺的，这也成为大数据管理系统建设的共识。大数据管理系统更多是在数据仓库系统基础上通过更先进的技术弥补大规模数据处理、非结构化数据处理及智能化探索方面的缺陷，并不是完全推翻了原有的技术。

目前，企业、组织的发展程度不一，但近些年都开始建设自己的大数据平台、数据中台。虽然主体模式相似，但企业必须根据自身需求探索出最适合自己的方案，根据不同的场景采用合适的技术，做好整体的规划和建设。毕竟，"鞋合不合脚，只有自己知道"。

3.1.2　基本内容

国际数据管理协会（DAMA International）在《DAMA 数据管理知识体系指南》（原书第 2 版）一书中，将数据管理（DM）定义为"为了交付、控制、保护并提高数据和信息资产的价值，在其整个生命周期中制订计划、制度、规程和实践活动，并执行和监督的过程"。

DAMA 将数据管理的职能归为十一大类：数据治理、数据架构、数据建模和设计、数据存储和操作、数据集成和互操作、数据安全、文件和内容管理、参考数据和主数据、数据仓库和商务智能、元数据管理、数据质量管理。图 3-2 展示的 DAMA 数据管理框架包含了这十一大职能。

其中，数据架构、数据建模和设计、数据存储和操作、数据集成和互操作、文件和内容管理、数据操作管理、参考数据和主数据、元数据管理、数据仓库和商务智能属于"数据准备"范畴，数据治理、数据安全、数据质量管理归类为"数据治理"。

结合 DAMA 对数据管理职能的分类，我将数据处理分为"管""存""算"3 个层面，将数据治理分为"规""治"2 个层面，如图 3-3 所示。通过这 5 个层面的工作，我们可以获得在第 2 章中提到的具备 9 个特性的"好数据"。只有获取真正的"好数据"，我们才能确保有效的智能数据分析。

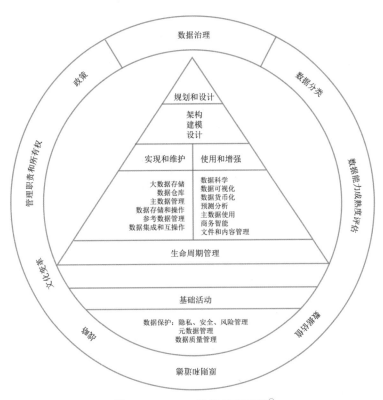

图 3-2　DAMA 数据管理框架[⊖]

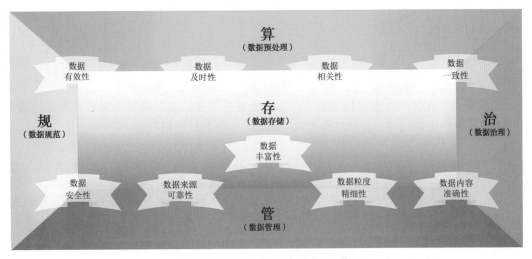

图 3-3　"管""存""算""规""治"

---

5 个层面的主要内容和作用如下。

❑ **数据之"管"**：狭义的数据管理，指对不同类别的数据采取不同的管理模式。这里我们把数据分为 4 个层次，接下来重点阐述元数据管理和主数据管理。通过"管"来确保数据来源的可靠性、数据内容的准确性、数据的安全性及数据粒度的精细性。

❑ **数据之"存"**：数据存储，指通过技术手段将数据存储起来，涉及 3 个关键词，即"数据湖""数据仓库"和"数据集市"。数据的有效性、及时性、相关性、一致性、安全性、准确性，其来源的可靠性、粒度的精细性，最终都会体现在"存"之上。

❑ **数据之"算"**：这里指数据预处理，即在真正进入数据分析展示阶段前期的数据处理。数据分析中的统计、各类算法的计算，在后面的章节会详细阐述。这里的"算"包括数据清洗和数据加工。通过数据清洗保证其有效性和一致性，通过有效技术手段确保从预处理至分析过程中数据的及时性，通过数据加工确保其相关性。

❑ **数据之"规"**：指数据规范，包括对数据规范的制定和数据管理方面的规章制度。"规"是确保数据有效性、安全性的基石。

❑ **数据之"治"**：狭义的数据治理，实质上指数据治理相关的一套方法及体系，包括实践数据之"规"来确保数据质量的过程和方法。它不仅包括技术上的治理工作，还包括有效满足组织各层级管理诉求的有效手段，具体是数据、应用、技术和组织四位一体均衡的治理体系。数据治理最重要的目标就是保证数据质量，即数据的一致性及准确性。

3.2 数据之"管"

第 2 章从数据格式、数据价值、数据更新频率及数据应用方面对数据做了分类。这些类别是从业务视角进行划分的。对于较大型的企业而言，由于组织结构复杂、业务丰富多样，需要借助专业化的数据管理厘清数据处理链路，最大限度提升数据分析效果，还需要从技术角度对数据进行划分。这就是数据之"管"所要介绍的内容。

3.2.1 数据的 4 个层次

从数据的作用及管理的方式来看，我们可把数据分为 4 个层次：元数据、参考数据、主数据、一般数据（交易数据）。本章的数据之"管"指管理好这 4 个层次的数据。

❑ **元数据**：通俗地说就是描述数据的数据，比如描述数据的名称、属性、分类、字段信息、大小、标签等。要做好数据管理，元数据起到了举足轻重的作用。

❑ **参考数据**：用于将其他数据进行分类或目录整编的数据，它定义了数据可能的取值范围，可以理解为属性值域，也就是数据字典。参考数据一方面有助于在 TP（业务处理）侧提升业务流程的准确性，另一方面在 AP（数据分析）侧规范数据的准确性，为多系统综合分析提供有利保障。

- ❑ **主数据**：指具有高业务价值的、关于关键业务实体的、权威的、最准确的数据，被称为"黄金"数据，通常用于建立与交易数据的关联关系，以便进行多维度分析。
- ❑ **一般数据**：也就是交易数据。相对来说，我们可以认为元数据、参考数据、主数据为静态数据，一般数据是动态数据。它一般随着业务的发生而变化，比如资金交易流水。

为了更好地理解这 4 类数据的关系，我们用图 3-4 所示的例子来解释。以员工信息及差旅费数据为例，每个员工都可能产生差旅费数据，我们一般按照员工所属部门、岗位甚至性别来分析差旅费的使用情况。每天产生的差旅费明细数据，属于一般数据（交易数据）。记录这些数据时，只需要记录员工的 ID 即可。员工的部门、岗位、性别是员工本身的属性，没有必要在每笔差旅费上冗余这类信息，且此类信息不仅仅用于分析差旅费，其他如工资、奖金、考勤等，只要与员工相关的数据分析都可能用到。明智的方法是单独管理员工信息，这类信息也就是"主数据"。那么，描述员工信息表的表名、字段数据就是"元数据"。在记录数据时，类似性别、民族、血型这类有明确规范定义的数据，则可以用参考数据的方式进行管理，保证数据的一致性和规范性。

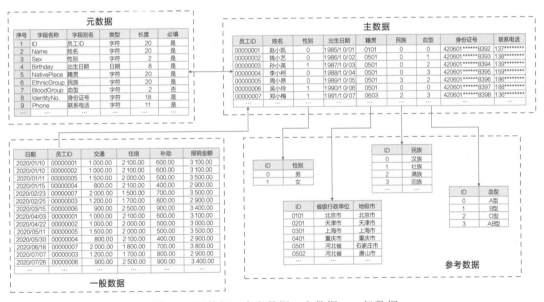

图 3-4　元数据、参考数据、主数据、一般数据

当然，实际的数据管理并没有这么简单，比如组织、部门信息，需要作为企业的主数据进行管理。主数据与主数据之间也存在键值关系。在企业数据管理中，重要的是要识别哪些是主数据、哪些是参考数据，统筹考虑后进行有条理、有规划的管理，才能让业务处

理系统和数据分析有条不紊地运转，为后续智能分析提供有力保障。

　　不同的数据在数据量、更新频率、数据质量和生命周期上有不同的特点。如图 3-5 所示，了解其特点及属性，有利于在数据管理过程中清晰划分数据种类，做好数据管理。

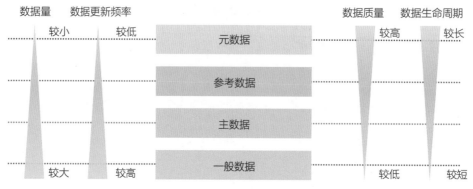

图 3-5　数据层次

　　其中，元数据管理和主数据管理通常是数据管理中的重点。

3.2.2　元数据

　　元数据，也被称为"元资料""诠释资料"。这个概念最初于 1969 年由 Jack E. Myers 提出，起初用于传统目录和档案查找，所以广泛应用于图书馆。到 20 世纪 90 年代，业务管理人员逐渐意识到元数据存储库的价值，开始重视元数据的管理。业界开始尝试开展元数据的标准化工作，比较有名的有都柏林核心元素集（DC）、开放信息模型（OIM）、公共仓库元数据模型（CWM）。但是，由于工作量大、专业技能人员缺乏等，在 20 世纪 90 年代中后期元数据管理工具爆发性增长后一直停滞不前。

　　如今，随着信息技术存储能力、计算能力的迅猛发展，海量数据的涌入，人们对数据检索效率和准确性的要求越来越高，智能化推荐更深入地应用于各个领域，元数据重获关注。2016 年，Gartner 发布了第一份元数据管理解决方案报告，指出随着 IoT 数据的扩散、大数据和数据湖的发展，企业获取所需数据的需求增加，多类型数据的获取、映射数据各元素之间的关系越来越受关注。2021 年，Gartner 发布《主动元数据管理市场指南》，新概念"主动元数据"（Active Metadata）出现在人们的视野中。主动元数据是一组能够持续访问和处理元数据的功能，这些功能支持对不同成熟度、用例和供应商解决方案的持续分析。与传统的元数据平台不同，主动元数据平台不断地处理元数据，如通过智能方式自动打标签。可见，元数据是数据管理中不可或缺的，人们也在不断探索更智能的元数据管理方法。

　　元数据的分类有很多种，DAMA 将元数据分为业务元数据、技术和操作元数据、流程元数据及数据管理制度元数据。我们通过图 3-6 所示的示例来理解这 4 类元数据。业务元数据把业务目标与元数据用户紧密关联起来，如数据定义、数据主题及目录、更新频率、

更新日期，都是与业务目标强关联的信息。技术和操作元数据为开发和技术人员提供系统
类信息，包括物理表名、字段名称、字段信息等。流程元数据描述了流程、业务规则等系
统其他元素的特性，如对数据收集及发布审批流程的定义、对流程顺序和规则的描述等。
数据管理制度元数据则是关于数据管理专员、监管制度和责任分配的数据，如数据拥有者、
数据访问权限、数据使用权限等。

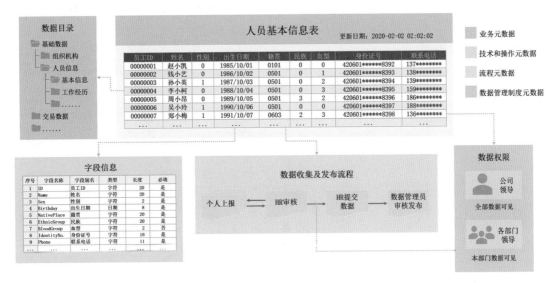

图 3-6　元数据类型

从数据分析角度看，我们主要关注的是技术和操作元数据、数据管理制度元数据。

这里要提到一个"非结构化数据的元数据"概念。元数据都是结构化的，但是非结构
化数据也需要进行描述和管理，这些描述非结构化数据的数据通常会由结构化的方式进行
存储。例如图片是非结构化数据，描述图片信息的数据，如图片的名称、创建时间等就是
图片的元数据，这被称为"非结构化数据的元数据"。

3.2.3　数据标签

数据量的指数级膨胀带来了搜索引擎的飞速发展，要想能准确分析数据，第一步便是
找到数据，即搜索、定位想要的数据。从理论上来看，搜索的逻辑非常简单，即根据输入
项在大量的数据中匹配、查找，按照一定的优先级和顺序展示。但是，要真正准确地返回
用户想要的信息，搜索引擎要做的工作是非常多的。其中一个必不可少的环节便是打数据
标签。

从元数据的定义来看，数据标签本质上属于元数据的一种。但由于其作用的特殊性，
本书将数据标签单独拿出来介绍。

说起打标签，很自然地会想到"给人打标签"，比如：说起"诗仙"，人们就会想起李白；

说起"飞人",人们就会想起乔丹。标签是最能体现特征、最快引起共鸣的方式。搜索不断趋于智能化、自动化,标签无疑是一大功臣。

电商用户画像是非常典型的标签应用场景。下面以用户画像为例谈谈数据标签。

如图3-7所示,从内容及用途来看,标签可分为3个层次:事实标签、模型标签和高级标签。

- ❑ **事实标签**:可以从原始数据中直接提取或通过简单统计得到的标签。在原始数据的基础之上,首先构建的是事实标签。这类标签构建难度低、实际的含义较为明确,属于基础标签。
- ❑ **模型标签**:需要通过机器学习、自然语言解析等方式构建标签模型体系,进而产生的标签。模型标签是标签应用的主体部分。
- ❑ **高级标签**:在事实标签和模型标签的基础上,与业务含义深度融合后再进行建模产出的标签。高级标签通常具有具体的业务语义。在不同场景下,高级标签的定义、分类会有很大的差别。

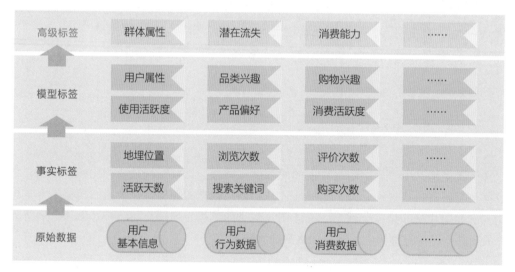

图 3-7　标签层次

那么,如何理解这3种标签呢?在图3-8中,我们列举了一位年轻女性在某电商平台的用户画像案例。用户的基本信息、行为数据、消费数据等属于原始数据,如该用户某天浏览了哪些商品、购买了哪些商品等。通过对原始数据简单统计得出的消费次数、搜索关键词等,是事实标签。要想了解用户偏好,事实标签是远远不够的,我们需要通过一定的机器学习模型,来推断用户偏好的品类是服饰还是数码产品等,才能更好地在用户购买时进行推荐。在电商用户行为体系中,模型标签往往是数量最大,应用最广的。但是模型标签往往基于统一的模型体系进行分析。对于电商领域来说,用户群体、消费能力、信用水平属于高价值标签。不同的电商存有不同的评价标准,需要根据自身具体业务需求制定规则。

通过标签，我们很快能够勾勒出一个人物画像。对于图 3-8 中的用户画像，我们可以清晰地看出该用户是一位爱好旅行、摄影的年轻时尚女白领。

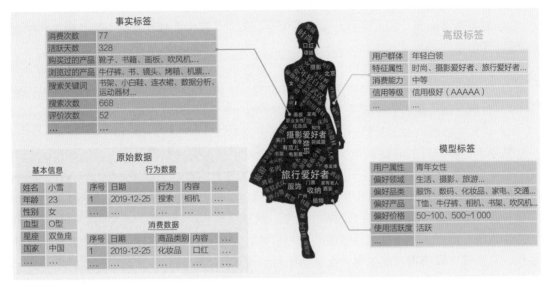

图 3-8　用户画像

标签本身是结构化数据，但可以用来描述结构化数据、半结构化数据和非结构化数据。

3.2.4　主数据

在第 1 章中，我们从 BARC 的报告中可以看出，主数据连续 5 年备受关注。对于企业来说，主数据由统一的组织管理，能够帮助企业规范共有数据，减少共有数据收集成本。

Gartner 对主数据的定义是描述企业核心实体（包括客户、潜在客户、公民、供应商、站点、层次结构和会计科目表）的标识符和扩展属性的一致且统一的集合。人们常常把数据分成 3 个等级：黄金、白银、青铜。主数据之所以被称为"黄金数据"，一是因为其重要性高，二是因为其准确性高。

主数据通常具备如下特点：复用率高、跨多部门多系统、相对固定、高价值。其区别于一般数据的最大不同点是"超越"：超越部门，它是所有职能部门及其业务过程数据的交集，例如 A 部门有数据 $\{a, b, c\}$，B 部门有数据 $\{a, c, d\}$，C 部门有数据 $\{a, c, d, e\}$，那么 $\{a, c\}$ 就被定义为主数据；超越流程，它不依赖于某个具体的业务流程，却是主要业务流程都需要的；超越主题，它不依赖于特定业务主题，却又服务于所有业务主题的有关业务实体；超越系统，它服务于但是高于其他业务系统，因此对主数据的管理要集中化、系统化、规范化；超越技术，它必须适应采用不同技术规范的不同业务系统，所以微服务架构的出现为其实施提供了有效工具。也正因其超越性[一]，主数据的建设需要企业高层足够重视和大力推进。

企业和组织需要根据自身业务需求来决定哪类数据为主数据。就经验来讲，通常主数据有以下几类。

❑ **当事人主数据**：如商业环境中的客户、员工、供应商、合作伙伴信息，执法机构中的犯罪嫌疑人、证人信息，医疗机构中的病人、医生，教育系统中的教职工和学生等信息。

❑ **账务主数据**：如会议科目、利润中心、责任中心、银行账户等信息。

❑ **产品主数据**：如装配组件清单、标准报价、手册、标准操作规程等信息，其中可能包括非结构化的主数据。

❑ **位置主数据**：如地区划分、坐标等信息，这类信息有可能由外部系统提供。

基于上述特点及其分类，企业和组织需要建设主数据管理系统，保证各业务系统使用同一套主数据，否则在数据分析时会陷入数据沼泽而无法自拔。

图 3-9 展示了主数据来源和使用的链路。主数据可能来源于多个系统，比如人力资源系统里的人员信息、CRM 系统里的客户信息、财务系统里的银行账户信息等；也可能来源于外部系统，通过主数据管理系统进行统一管理。主数据可以服务于其他 OLTP 侧的业务系统，直接被读取使用，比如财务人员做账时直接调用客户信息作为辅助核算对象。由于主数据相对固定的特性，在 OLAP 侧一般定时对其更新、获取，而对于分析时使用的业务数据则一般根据业务分析需求选择准实时更新模式或者定时更新模式。由于数据分析的跨域性，主数据的管理就显得尤为重要。大多数据分析项目需要对多个业务系统的数据进行整合、梳理。我们遇到过很多项目，仅不同系统的组织架构存在差异，就需要花费大量时间去做数据匹配和确认，这通常是影响项目进度的最大因素。

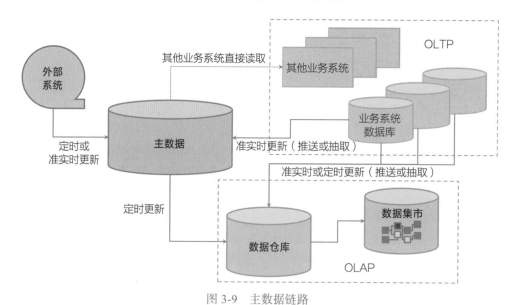

图 3-9　主数据链路

虽然从理论体系上讲大家都知道主数据的必要性，但实际执行起来确实非常困难。主数据管理最重要的需要有主管部门、各类主数据的主责部门。主管部门需要有足够的管理权利，以规范各主责部门提交的数据。主责部门整理的主数据需要有足够的权威性和准确性，否则即使有主数据管理部门也形同虚设。目前对于大多数企业而言，主数据管理还处于初级阶段，有些企业即使建设了主数据管理系统，也没有很好地应用和发挥主数据管理系统真正的价值。企业往往认为已经搭建起主数据管理系统，但主数据使用者往往持不看好的态度。之前和在大型企业从事多年数据处理、数据管理相关工作的技术人员交流时发现，他们大多赞同主数据管理的理念和想法，但对大型企业建立真正的主数据管理系统信心不足，普遍认为困难重重。

建立可用、好用的主数据管理系统，目前还处于探索阶段。中国信息通信研究院发布的报告中指出：主数据管理实施要点主要包含主数据规划、制定主数据标准、建立主数据代码库、搭建主数据管理工具、构建运维体系及推广贯标 6 大部分。其中，主数据规划是纲领，制定主数据标准是基础，建立主数据代码库是过程，搭建主数据管理工具是技术手段，构建运维体系是前提，推广贯标是持续保障。要真正完成上述实施工作，首先要有足够的组织保障机制，所以，关键的要点在于组织要有足够的力度，才能确保主数据管理真正提高企业整体的数据管理效率。

3.3　数据之“存”

为了保证信息化快速发展，企业信息化建设多采用烟囱式系统，即各部门、分支机构自行建设业务系统，满足各自业务的发展需求，这本是企业快速发展的动力。但是，随着技术手段的不断进步，多样化的系统导致数据孤岛的形成，给数据分析带来了巨大障碍。如何打通数据壁垒，帮助企业、组织各级人员快速查找权限范围内的数据，成为亟待解决的重大问题。

于是，各大企业开始搭建数据中心、大数据平台、全业务数据中心、数据中台等，各种数据汇聚方式涌现，人们也在不断探索更好的数据管理方式。

如果把数据比作源源不断的水，那么数据湖可以比作湖泊，数据仓库可以比作水库，数据集便是超市。水经过不断加工，最后成为超市中的瓶装水供人们直接食用，就好比原始数据经过加工处理最终成为数据集市中直接可用于分析的数据，如图 3-10 所示。

数据湖　　　　　　　　数据仓库　　　　　　　　数据集
（DL）　　　　　　　　　（DW）　　　　　　　　　（DM）

图 3-10　数据湖、数据仓库和数据集

　　数据湖、数据仓库和数据集形成数据存储的 3 个层次，三者层层递进，各自发挥着不同的作用。数据湖为非结构化数据分析、机器学习、预测分析提供了丰富的数据土壤；数据仓库通过规范化的管理，为企业、组织系统化的数据体系提供支撑；数据集则将数据场景化，让数据唾手可得，实现即席分析。三者详细的对比分析见表 3-1。

表 3-1　数据湖、数据仓库和数据集对比

特　性	数据湖	数据仓库	数据集
数据来源	OLTP 系统中的关系型和非关系型数据、IoT 设备、网站、移动应用程序、社交媒体等	OLTP 系统中的关系型数据	数据仓库
数据结构	非结构化、结构化	星型模型、雪花模型	星型模型、雪花模型或宽表模型、立方体模型、多维层次模型
数据粒度	最细粒度的原始数据	最细粒度的、清洗后的数据	较粗粒度的、加工后的数据
数据质量	任何可以或无法监管的数据	可作为重要事实依据的高度监管数据	可直接用于监管及分析的数据
处理方式	读时模式（Schema-On-Read） 实时、准实时	写时模式（Schema-On-Write） 准实时、非实时	写时模式（Schema-On-Write） 准实时、非实时
分析方式	机器学习、预测分析、数据发现和分析	快速查询	BI 和可视化
使用范围	大型组织或企业	一般组织或企业	部门或工作组
使用人群	数据科学家、数据开发人员和业务分析师	数据开发人员、业务人员	业务人员

　　其实在数据分析领域，很多企业一直践行着"数据湖—数据仓库—数据集"体系，只是大多还停留在对结构化数据的处理上。在我接触过的大型企业中，它们在建设数据中心或大数据分析平台时通常采用"ODS（Operational Data Store）-DW（Data Warehouse）-DM（Data Mart）"体系。其中，ODS 层其实可以理解为数据湖的一种形式，只是通常情况下其与数据仓库联系较为紧密，所以在企业对非结构化数据分析需求并不旺盛的时候，它基本被理解为数据仓库建设过程中的一部分。

　　随着信息化的发展，数据分析迈入智能数据分析阶段，结构化数据分析已经不能完全满足需求，人们对海量数据、非结构化数据的分析需求不断增长，传统数据仓库模式已不能满足需求。2011 年，大数据厂商提出"数据湖"的概念，这为海量数据的探索和智能分析奠定了基础。

3.3.1　数据湖

　　数据湖（Data Lake，DL）是指一个集中化存储海量、多个来源、多种类型数据，并可以对数据进行快速加工、分析的平台。

　　数据湖概念出现后存在比较大的争议。很多学者认为数据湖就是一个噱头，这种完全

不经加工的数据放在数据湖里，可用性差，对企业来讲无意义。数据湖概念一经提出，立马有一个对应的新名词出现，那就是"数据沼泽"。反对者主要是担忧数据湖的质量，因为未经处理的数据无法拿来使用，又会让企业重新回到想找数据找不到，找到之后无法分析的境地。

在我看来，这其实是对数据湖的一种误解。数据湖的出现，并不是要替代数据仓库、数据集。恰恰相反，它是数据仓库、数据集的一个很好的补充。正如图 3-10 和表 3-1 所示的关系，数据湖弥补数据仓库在非结构化数据方面的弱势，同时将原始数据很好地统一管理起来，让数据仓库更专注于数据规范化管理。

清晰的层次更有助于企业、组织提高分析效率，根据不同的场景选择不同的数据进行分析。比如对交易流水数据做展示型分析、相对固定的结论型分析，那么我们需要做好数据规范、清洗不规范数据，确定数据结构后放在系统中统一使用，这类场景用传统的数据仓库就可以满足需求。但是，对于需要为企业提供探索性结论的场景，如深度用户行为分析、商品推荐、人流量预测等，我们就需要事先建立数据湖，因为数据不确定性大、涉及数据类型多，分析模型需要经过大量学习并不断修正来完成分析工作，所以传统数据仓库无论在量级、品种和时效性上都无法满足需求。

从短期来看，传统的数据仓库的确更适合用于传统企业的数据分析，因为企业通常对数据的精确性要求更高，尤其是涉及财务相关的数据；从长远来看，数据湖是趋势，因为数据湖带来了更多的可能性，更容易发现未经人们整理的数据的规律。数据分析进入智能时代，数据湖更是必不可少的基石。

3.3.2　数据仓库

数据仓库（Data Warehouse，DW）是为支持决策而产生的数据池，是整个企业或组织中各级人员可能感兴趣的、当前和历史的、所有类型数据的战略集合。

数据仓库是企业或组织重要的数据聚集地，需要建立数据模型规范体系。理论上，数据仓库应遵循第三范式[⊖]，降低数据冗余，首选维度建模技术；而数据集可以降低范式标准，以满足分析需求为主，甚至可以采用多宽表模式。

维度建模是将数据表分为事实表和维度表。事实表的主要特点是包含数字数据（事实），一般不包含描述性信息。而维度表包含事实表中事实记录的特性，为用户提供更加细化、多层次的分析服务。图 3-11 展示了维度建模的两种模型：星型模型及雪花模型。星型模型通过单一主键关联维度表，通常结构较简单，实际上是一种非正规化的结构。雪花模型则在星型模型基础上降低了数据冗余，遵循第三范式。

对应在数据之"管"中讲到的，一般数据使用事实表的方式存储，主数据、参考数据

⊖　数据范式：第一范式（1NF）关注数据的原子性；第二范式（2NF）关注数据的唯一性；第三范式（3NF）关注数据的非冗余性。

则属于使用维度表存储的范畴。在数据仓库建设过程中，一般数据是经过冗余处理的数据，其特征维度信息都通过键的方式进行记录，具体的信息通过维度表的主键进行关联、获取；关键的主要数据形成了主数据；非关键的描述性数据形成了参考数据。从图 3-11 可以看出，差旅事实表中出差地和人员维度表中的人员归属地都使用了共同的地域维度表中的数据。使用星型模型不仅会造成数据冗余，还很有可能导致数据不一致事件发生。在雪花模型中，出差地和归属地同样引用地域维度表中的数据，但能很好地避免此类问题的发生。可见，数据结构的规范性和适当的参考数据的重要性。

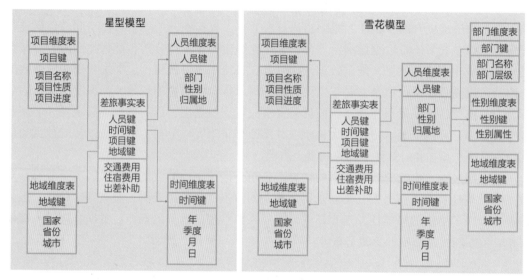

图 3-11　星型模型和雪花模型

那么，为什么还会有星型模型存在呢？雪花模型不是万能的。相比星型模型，其因复杂的一层层关系，导致可读性较差、查询效率较低。在实际应用中，往往涉及多应用系统、多部门协调问题，所以完美满足第三范式的纯雪花模型的数据仓库基本不存在。大部分数据仓库采用了大量小型星型模型和雪花模型相结合的模式。

3.3.3　数据集市

数据集市（Data Mart，DM）是满足特定部门或者用户需求，按照多维方式进行存储，生成面向决策分析需求的数据集合。

正如前面我们将数据集市类比为超市一样，为了满足用户需求，生产出来的各种饮料需要通过各种加工、包装、组合进行销售，通常有多种多样的形式，比如瓶装、软包装、听装等。同样，数据集市可以有多种多样的形态进行存储。

如图 3-12 所示，聚焦度比较高、特征维度数量在一定范围内的场景可以直接使用宽表，这样分析效率最高。若业务存在一定复杂度，我们一般会将数据仓库模式从雪花模型

转换为更容易分析的星型模型，当然也可能部分场景仍使用雪花模型。对于分析维度特别
多的场景，星型模型、雪花模型因需要实时计算，
无法满足分析效率要求，"以空间换时间"的立方
体模型提前进行数据计算和存储，是更优的解决
方案。在立方体模型基础上，衍生出的多维层次
模型更深层地解决了维度组合过于庞大的问题。

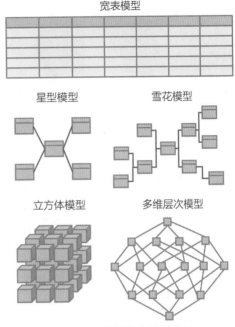

图 3-12　数据集市模型设计

　　当然，随着列式存储模式的诞生，越来越多
的实时处理数据库开始涌现，分析效率十倍、百
倍提升。在满足性能要求条件下，宽表模型和星
型模型能更有效地弥补立方体模型和多维层次模
型实时性差的缺陷。虽然技术正在迅猛发展，但
是任何脱离场景谈技术的方式实际都是伪命题。
根据具体分析场景，综合考虑数据量大小、分析
维度复杂度、实效性要求及系统环境因素，选择
相对最优的数据模型，才是正解。

　　除了恰当选择数据存储模型，用好数据集市，
还有一件非常重要的事情就是设计业务分析模型。
数据集市可以理解为一个与定向场景相关的所有
数据的组合。传统的数据集市中的数据大多数情况下已经过细致的加工处理，能直接用于
分析。在越来越多的业务人员甚至数据科学家参与到分析过程的趋势下，依赖技术人员和
业务人员配合，经过长时间加工得到数据集市的方式的响应速度、敏捷程度都显得越来越
低。另外，随着分析越来越深入，对分析师数据追溯能力的要求也越来越高。在此趋势下，
数据集市模式越来越开放，它不仅包括经过加工处理后的数据仓库中的数据，还可能包括
直接从数据仓库中获取的数据，甚至可能包括部分直接从数据湖中接入的数据。我们把这
种组合称为一个分析沙箱，在这个沙箱内部可以进行数据的灵活探索，让数据分析师更深
入地触及数据最真实的一面。

3.4　数据之"算"

　　这里的数据之"算"，指的是数据预处理之"算"，是指对数据的清洗和加工，包括简
单的清洗和处理，也包括通过智能手段如借助算法模型对数据的清洗和加工。

　　数据预处理的关键链路如图 3-13 所示。原始数据纳入数据湖管理，但通常混杂着各种
数据。要防止数据湖变为数据沼泽，我们就需要将数据碎片分类，将不可洞察的数据和无
关的数据归类为数据噪声，留下可洞察的数据和相关的数据（即"信息元"）。这类数据进
一步经过加工、整理后的数据，与可直接洞察的数据共同构成可分析的数据。

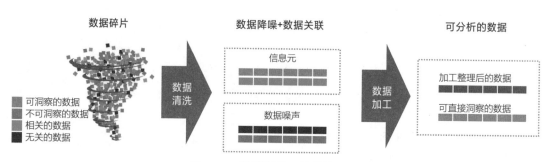

图 3-13　数据预处理的关键链路

3.4.1　数据清洗

我们前面提到数据处理大约占数据分析师 80% 的时间，而在数据处理过程中，数据清洗占据 40%~70% 的时间，且数据质量越差，占比越高。数据清洗不能被孤立看待，我们可借助对元数据信息、数据分布情况的分析，甚至根据分析结果的异常性对数据进行有效的清理，这样会事半功倍。所以，数据清洗和数据分析也是相辅相成，互相依赖、互相促进的。

不同的场景下使用的数据清洗手段和方法不尽相同，如企业经营管理数据强调数据的准确性和一致性，清洗的时候需要遵循业务事实原则，缺失数据大多采用"行政"手段（如强制安排工作任务的方式）进行补全。但大数据应用场景不具备数据补全的条件，并且更侧重整体情况的分析而不是得到精准的数字，重点在于"全面"而不在于"精确"，因此通常采用补全缺失值、剔除越界值的方式进行处理。

直接通过一定规则补全数据的方式我们这里不再深入探讨，下面探究如果没有办法补全数据，如何进行数据清洗。数据清洗主要解决数据有效性问题。常见的数据清洗包括对缺失值和异常值的处理。

1. 缺失值的处理

对于缺失值的处理，通常有如下几种方法。

❏ 剔除：删除无用字段，即剔除列；删除空值数据，即剔除行。

❏ 补全：根据业务知识或经验，如根据摘要信息提炼来补充产品类别；连续型变量采用均值代替，序列型变量采用中位数代替，分类型变量采用众数代替；利用其他渠道补全，如从外部获取酒店地理位置信息判断出差地点。

2. 异常值的处理

对于异常值的处理，通常有如下几种方法。

❏ 去重：主键重复的数据可直接剔除；无主键数据或主键采用自动生成随机数，这往往是重复提交或者数据更新恰遇断点引起的，且很有可能混杂着缺失数据，我们需要将主要字段信息均重复的数据筛选出来进行分析、判定，确认是重复数据后将其剔除。

- □ **去空格**：由于系统差异问题，导出、导入或直接接入的数据的前后可能存在空格，会影响数据字段类型的设置（如无法设置为数值型、日期型）或影响分析结果的准确性，这需要预先进行整体去空格处理，简单的方式是批量替换。

- □ **合规性调整**：数据规范性调整，如日期格式必须严格按规范填写，地点信息需要统一是否带"省""市"字样等，这需要先通过分析进行筛选，识别出不合规数据后按规范进行调整。

- □ **越界值**：通过业务经验确认异常值，这需要追溯异常产生原因并进行调整，或根据经验直接调整。

数据清洗在数据分析过程中可能出现反复，所以清洗过程需要尽量在保留原始数据的情况下进行。

3.4.2　数据加工

清洗后的数据已经具备可分析性，但能够直接拿来分析的数据少之又少。分析诉求往往需要对数据进行加工处理后才能真正满足。数据加工类型多种多样，这里总结了如下几种。

1. 数据变换

一般来说，数据变换有如下几种方法。

- □ **归一化**：我们常常遇到数量级不匹配或标准不完全一致的场景。典型的场景是人员能力矩阵，不同岗位人员的能力评判标准不尽相同，同一个人的各项能力评判标准也不一定完全一致。这时候就需要将能力标准进行统一，如统一设定每个岗位有 5 项评判指标，每项分值为 1，总分为 5。那么，我们就可以根据归一化评分体系对人员整体能力进行综合评分了。这类场景很多，如不同总分的各科成绩的对比分析，信用等级评判中各项信用评分的计算，统计学中 Z-score 的应用等。

- □ **离散化**：部分数据分析场景并不关心具体的数值或是否存在数据披露粒度的问题，而是更多关注数据分布情况，这就需要用到离散化方式。如在分析用户年龄时通常只关注年龄段信息，类似"20 岁以下、20～40 岁、40～60 岁、60 岁以上"，不需要对具体年龄进行披露。同样，收入水平、分数都可以通过离散化的方式优化分析结果展示。

- □ **组合化**：多字段数据拼接作为主键字段，或者拼接后降低字段冗余，也是数据变换常用的方法。

- □ **重分类**：根据不同的条件将数据重新分类，如根据 1 年内是否存在交易额将资金账户重分类为活跃账户和非活跃账户。重分类的方式多种多样，有的简单归类，有的则需要通过较复杂的条件计算进行分类。

2. 数据结构转换

常见的数据结构转换包括列转行、行转列、行列互换、聚合，示例如图 3-14 所示。

月份	分类	A	B
1月	甲	1	2
2月	乙	3	4
3月	丙	5	6

 列转行

月份	分类	数据项	数值
1月	甲	A	1
1月	甲	B	2
2月	乙	A	3
2月	乙	B	4
3月	丙	A	5
3月	丙	B	6

月份	分类	数值
1月	甲	1
1月	乙	2
1月	丙	3
2月	甲	4
2月	乙	5
2月	丙	6

 行转列

月份	甲	乙	丙
1月	1	2	3
2月	4	5	6

分类	A	B
甲	1	2
乙	3	4
丙	5	6

 行列互换

分类	甲	乙	丙
A	1	3	5
B	2	4	6

月份	分类	数值
1月	甲	1
1月	乙	2
1月	丙	3
2月	甲	4
2月	乙	5
2月	丙	6

 聚合

分类	数值（合计）
甲	5
乙	7
丙	9

图 3-14　数据结构转换

- ❑ 列转行：当表格中存在多个度量值（数据项）时，我们需要按照数据项的分类进行统计分析，这就需要进行行列转行处理。其可以理解为降维处理，即将多维度数据按行进行存储，有利于更多维度数据的组合式分析。图 3-14 中分类和数据项的组合分析会更加便捷。

- ❑ 行转列：对于分类较多，且需要进行分类间计算的场景，行转列更便于计算。如图 3-14 所示，若需分析各月份甲类产品和乙类产品合计值与丙类产品的对比数据，行转列之后就变得容易分析了。

- ❑ 行列互换：通常，行列互换用于较简单的二维表格，一般是原表格或收集的数据在分析维度方向上与预想的存在差异，需要将行列颠倒显示。我们在进行小批量数据处理时较常用该方法。

- ❑ 聚合：通常用于大量明细数据的预处理，在分析粒度不需要过细的情况下，可以将聚合后的表格作为数据集市的场景数据提供给数据分析者。图 3-14 中假设只关注分类维度，我们就可以减少数据量以提升分析效率。

3. 表间数据处理

常见的表间数据处理有关联和并集两种，如图 3-15 所示。其中，不同的颜色标识代表原表对应的行列。

- ❑ 关联：通过维度建模技术设计数据模型，事实表和维度表需要通过主键关联，形成多维宽表，才能更便捷地进行数据分析及可视化展示。

- ❑ 并集：在数据分析中，我们经常遇到同一结构的数据存在不同来源的情况，需要合并分析，如各部门的项目统计信息需要通过字段对应及数据并集获取。

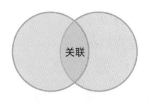

日期	员工ID	交通	住宿	补助	姓名	部门
2020/01/10	00000001	1 000.00	2 100.00	600.00	赵小凯	A
2020/01/10	00000002	1 000.00	2 100.00	600.00	钱小艺	A
2020/01/11	00000005	1 500.00	2 000.00	500.00	周小昂	B
2020/01/15	00000004	800.00	2 100.00	400.00	李小柯	B
2020/02/23	00000007	2 000.00	1 500.00	700.00	郑小梅	C
2020/02/25	00000003	1 200.00	1 700.00	800.00	孙小英	A
2020/03/15	00000006	900.00	2 500.00	900.00	吴小玲	C
2020/04/03	00000001	1 000.00	2 100.00	600.00	赵小凯	A
2020/05/30	00000004	800.00	2 100.00	400.00	李小柯	B
2020/06/18	00000007	2 000.00	1 800.00	700.00	郑小梅	C
2020/07/07	00000003	1 200.00	1 700.00	800.00	孙小英	A
2020/07/26	00000006	900.00	2 500.00	900.00	吴小玲	C
...	...	...	...	...	...	...

日期	部门	姓名	员工ID	交通	住宿	补助
2020/01/10	A	赵小凯	00000001	1 000.00	2 100.00	600.00
2020/01/10	A	钱小艺	00000002	1 000.00	2 100.00	600.00
2020/02/25	A	孙小英	00000003	1 200.00	1 700.00	800.00
2020/04/03	A	赵小凯	00000001	1 000.00	2 100.00	600.00
2020/04/22	A	钱小艺	00000002	1 000.00	2 000.00	500.00
2020/07/07	A	孙小英	00000003	1 200.00	1 700.00	800.00
2020/01/11	B	周小昂	00000005	1 500.00	2 000.00	500.00
2020/01/15	B	李小柯	00000004	800.00	2 100.00	400.00
2020/05/11	B	周小昂	00000005	1 500.00	2 000.00	500.00
2020/03/15	C	吴小玲	00000006	900.00	2 500.00	900.00
2020/06/18	C	郑小梅	00000007	2 000.00	1 800.00	700.00
2020/07/26	C	吴小玲	00000006	900.00	2 500.00	900.00
...	...	...	...	...	...	...

图 3-15　表间数据处理

3.4.3　数据 ETL

ETL 用来描述将数据从来源端经抽取（Extract）、转换（Transform）、加载（Load）至目标端的过程。但是在数据分析过程中，为了不干扰原有数据，我们往往需要准备分析沙箱，也就是将转换过程放在加载之后，这就变成了 ELT。通常，我们会根据具体的场景来选择是采用 ETL 方式还是采用 ELT 方式，所以，也有人把这一过程总结为 ETLT。其实，这和我们之前提到的数据分析需要迭代的思路不谋而合。数据转换、加载处理可能会存在于数据分析的各个环节，顺序没有规定，而我们要做的是找到对应场景的最合适路径。

ETL 将上述数据清洗、数据加工的方法串联起来，形成完整的数据之"算"链路体系，是数据准备过程中最重要的一环。

3.5　数据之"规"

数据的规范包括两个层面：一方面针对数据本身，即数据的规则、标准；另一方面针对数据管理上的规范和制度。我们可以通俗地将其理解为数据分析中的"规"。

3.5.1　数据标准

数据来源的多样化带来了数据的不一致性。多源系统数据整合的关键就是建立数据标准。数据标准的制定应遵循一定原则，包括如下"六大特性"和"两化原则"。

❑ 唯一性：标准数据的命名、定义、字段信息等应具有唯一性。

- ❑ **统一性**：以满足数据共享交换、互操作为前提，主数据是必要的。
- ❑ **通用性**：根据数据的可复用程度确认其重要性，如是否纳入主数据、参考数据范围。
- ❑ **稳定性**：数据标准应保证权威性，不能"朝令夕改"，发布和修改均需慎重考虑。
- ❑ **前瞻性**：标准的制定应积极响应和借鉴相关国际、国内、行业标准和规范，并充分考虑企业业务的发展方向，以满足数据应用需求的同时保证其前瞻性。
- ❑ **可行性**：数据标准应依托企业现状，充分考虑业务改造风险和技术实施风险，能够在有组织支撑及执行团队的基础上实现真正落地。
- ❑ **系列化**：企业对数据资源有多样化需求，需要进行有序管理，搭建统一的资源目录体系。
- ❑ **模块化**：数据标准并非一成不变，要想兼顾稳定性和扩展性，就需要建立统一、通用、粒度适当的数据单元，这样才能以组合的形式提供更好的数据服务。

基于上述原则，数据标准从内容层次上可以分为语义标准、数据结构标准和数据内容标准，如图 3-16 所示。

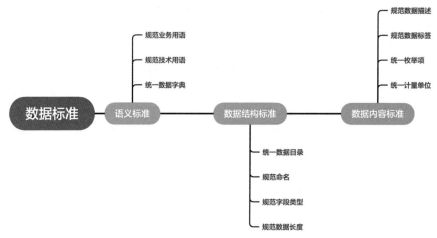

图 3-16　数据标准

首先，建立语义标准体系，保证整个组织层面关于数据分析的沟通在一个"频道"上，能够在一个语境内顺畅对话，这就需要规范业务用语和技术用语，建立统一的数据字典。其次，建立数据结构体系，统一数据资源目录及数据命名规则以确保数据规整、易查找，规范字段类型及数据长度以确保使用过程顺畅。最后，建立数据内容标准，根据业务梳理数据标签及数据描述规则以提升分析效率，统一枚举项及计量单位，力争从源头减少数据清洗及加工的工作量。

在实践过程中，语义标准、数据结构标准、数据内容标准的建立通常不是孤立存在的。从技术角度上看，它们都可以归为元数据管理规范的范畴。除了元数据标准的建立，我们还要特别关注数据编码的标准化（8.1.2 节会通过具体的案例进行介绍）。

3.5.2　规范制度

数据标准的执行需要依赖规范的制度。无体系、无制度的管理无异于一盘散沙。如同国家的宪法和各类法律法规，规范制度通常包括总则和细则。总则规范数据管理中的基本原则。细则除了包含 3.5.1 节提及的所有数据本身的标准规范外，还应包含数据交换及共享规范、服务接口规范、服务规范、安全规范、质量规范等。总体来说，数据规范体系可以大致分为数据基础规范、数据安全规范、数据质量规范三大类，如图 3-17 所示。

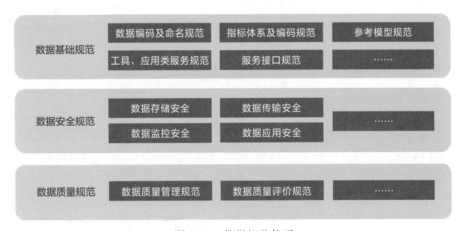

图 3-17　数据规范体系

数据基础规范包括元数据管理规范、服务接口规范等，数据安全规范包括数据存储、传输、监控和应用等层面的安全规范，数据质量规范则包括数据质量管理规范、数据质量评价规范等。这部分内容在 8.1.2 节将通过具体案例讲解。

3.6　数据之"治"

数据治理（Data Governance）是在组织中涉及数据使用的一整套管理行为，是一整套方法及体系。如果说数据之"规"是"法"，那么数据之"治"就是"执法"的过程。

理论体系总是看起来完美无缺，但应用到实际中，往往是"理想很丰满，现实很骨感"。先不说平台如何搭建、技术如何选择、安全如何保障，真正深入工作中就会发现，所有技术上的难题都不是最难的，说服各个部门配合完成数据收集工作才是最大的难点。

所以，数据治理实质上并不只是技术问题，更是一个管理问题。做好数据治理，首先一定要自上而下地发起，其次要有足够的组织保障，最后要建立切实有效的机制体系。

3.6.1　高层负责

数据治理需要依赖强大的统筹能力和管理能力，对于较大型的企业和组织来说，通常是"吃力不讨好"的活。企业和组织要真正在数据治理方面做出成效，是一件非常困难的事情。所以，这里一再强调的重中之重便是"高层负责"。

数据治理是数据规范、制度的落实，是数据分析的基础。从分析角度出发，数据的梳理和整合、业务系统数据字典的理解、分析维度数据的补充，甚至为满足分析需求可能涉及的业务系统改造，都不可避免地需要各业务部门、各系统厂商的大力支持和配合。实际上，如果不是工作职责，它们是没有动力来对待这件事情的。所以，只有高层负责，统一协调，才能保证其有效实施。

3.6.2 组织保障

高层负责是基础，要想切实有效地将数据治理落实下去，还需要有合理的组织保障。

各业务部门的人通常会被各类事务缠身，对他们来说，数据的梳理和整合一直被认为是重要但经常无暇关注的事情。建立专门的数据主责部门，负责数据统一管理工作，再由各业务部门配合完成各类业务数据的提供和质量保障，才是正解。随着对数据分析、数据治理的不断探索和经验积累，各大企业逐步开始建立数据部门，实现组织保障。

一般情况下，数据部门和业务部门的主要职责如下。

❑ 数据部门：负责数据平台系统设计、建设及维护工作；负责数据标准、数据规范、数据审批流程的制定；负责数据统一管理、数据权限审批；负责异常数据的监控及处理督办。

❑ 业务部门：负责业务数据的提供并协调系统厂商提供数据字典；负责业务数据质量保障；负责落实对应系统的适应性改造；负责异常数据的处理。

3.6.3 机制建立

数据团队的快速运转离不开机制的保障。机制需要建立在规范这一基础之上，不同的是，它更强调管理、监控和流程。因此，不同的企业、组织均需要根据自身架构和文化体系建立适合自己的机制。从内容上看，机制包括但不限于以下几点。

❑ 数据管理及治理重要性和规范制度的宣贯培训机制。

❑ 数据项目立项、结项、监控管理机制。

❑ 数据审批及权限管理流程机制。

❑ 数据更新频率及粒度管理机制。

❑ 异常数据监控及通知预警机制。

❑ 问题反馈沟通机制。

❑ 规范执行及违规处理机制。

值得注意的是，要落实各环节责任人，在全面性和可执行性、规范性和时效性方面做平衡。

首先是落实责任人。大型企业、组织在数据分析时会涉及多部门、多业务，最怕找不到数据，或虽能找到数据但质量堪忧。这时，它们就需要认定各类业务数据的负责人。这些责任人有权利管理或修正错误数据，并从业务上判断数据的合理性。企业和组织只有通过管理体系和制度的约束，才能推动数据真正"活"起来。

其次是做到两个平衡。从理想化的角度看，当然是越全面、越规范的机制越好，但要真正落到实处，企业、组织更需要特别关注可执行性和时效性问题。在目前阶段，数据分析在企业中仍是"锦上添花"般的存在，数据分析过程中涉及协调的人员绝大多数不是全职分析师，因此企业、组织只有在最大化降低协同工作复杂性的基础上建立制度规范，才能确保制度真实有效的执行。

3.7　本章小结

做好数据准备、数据管理与数据治理，是数据分析的重要基础和保障。本章对数据之"管"、数据之"存"、数据之"算"、数据之"规"、数据之"治" 5 个方面做了详细阐述，其中"管""存""算"是业界已经形成标准的基础知识，"规""治"则需要不同的企业、组织因地制宜，选择适合自身的规范制度及治理机制。第 4 章将重点介绍如何通过数据统计和数据挖掘方法来合理使用本章准备好的数据资产。

数据统计及数据挖掘

在第 2 章中，我们将智能数据分析分为描述性分析、诊断性分析、预测性分析及指导性分析 4 个层次。不同层次的分析需要通过不同的数学方法进行支撑。其中，应用最广泛的描述性分析通常使用描述性统计分析方法，其目的更多是研究数据特征；诊断性分析注重数据之间的关系，通常使用推断统计方法；预测性分析需要使用数据挖掘方法探寻更复杂的数据规律，从而做出推测；指导性分析则在预测性分析基础上引入更深层的机器学习、深度学习模型进行辅助决策。

本章将就 4 个层次的数据分析所运用到的数据统计及数据挖掘方法进行介绍。然而，讲解数据统计及数据挖掘的相关图书不胜枚举，本章的重点并不是全面介绍相关知识，而是希望从更加实用的角度来阐述各种分析方法。接下来，本章将以适应智能数据分析中各个阶段不同诉求为出发点，通过案例描述，帮助读者理解并应用相关方法。

4.1　相关基础概念

提起智能数据分析，统计学、数据挖掘、机器学习、深度学习、人工智能等词一定会浮现在脑中，但这几个概念常常被混淆。首先来普及一下相关的知识。图 4-1 展示了目前大家比较认可的统计学、数据挖掘及人工智能之间的关系。

统计学（Statistic）的概念起源可以追溯到 1749 年，最初被认为是对国家资料进行分析的学问，也就是"研究国家的科学"。随着学科的发展，

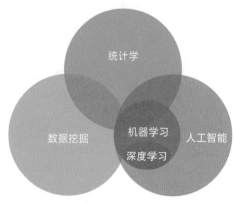

图 4-1　统计学、数据挖掘及
人工智能之间的关系

统计学应用越来越广泛，逐渐演变为收集、处理、分析、解释数据并从数据中得出结论的科学。

人工智能（Artificial Intelligence，AI）是一门科学，它让机器做需要人类智能才能完成的事情。

机器学习（Machine Learning，ML）是人工智能的一个分支，研究计算机如何模拟或实现人类的学习行为，以获取新的知识或技能，通过重新组织已有的知识结构不断改善自身性能。

深度学习（Deep Learning，DL）则是机器学习的一个分支，是一种以人工神经网络为架构，对输入进行表征学习的算法。

数据挖掘（Data Mining，DM）以数据为研究对象，对其进行深度研究、对比等，最终找出规律。它是利用人工智能、机器学习、统计学和数据库的交叉方法在相对较大型的数据集中发现模式的计算过程。

统计学、人工智能、数据挖掘 3 种科学技术存在交集，同时又存在差异。从详细分类来看，统计学按照发展阶段和侧重点不同，可分为描述统计学和推断统计学。机器学习则可划分为有监督学习和无监督学习。在不同场景中，我们需要将统计学、人工智能的各类方法结合使用，以完成数据挖掘。

如图 4-2 所示，我们从不同层次的数据分析出发，总结与之相匹配的分析方法。描述性分析通常使用的是描述性统计分析方法进行计算，如求和、研究数据分布情况等常规统计、趋势统计；诊断性分析更多使用因素分析法、上卷与下钻、关联分析等方法；预测性分析使用回归、分类等有监督的机器学习，以及聚类等无监督学习；指导性分析则更多使用决策树、随机森林、协同过滤，以及神经网络等方法。当然，在实际分析过程中，我们很可能采用多种方法相结合的模式，以满足不同层次的数据分析诉求。

图 4-2　不同层次的分析使用不同的方法

接下来，我们针对不同层次的分析展开探讨。

4.2　描述性统计分析方法

描述性分析通常使用描述统计分析方法。描述性统计方法是对观察对象数量进行计量、搜集、整理、表示、一般分析与解释的一系列统计方法，可以分为常规统计、集中趋势统计及离散趋势统计。

4.2.1 常规统计

常规统计包括求和、计数、去重计数、求最大值、求最小值。比如，统计企业的总收入是求和，统计销售量是计数，统计客户数量是去重计数，统计最高价格和最低价格是求最大值、最小值。这些都是非常易于理解的基础统计方式，在此不再赘述。

4.2.2 集中趋势统计

集中趋势（Central Tendency）或中央趋势，就是通常所说的平均。说起平均，你可能会说，平均数不就是"$A + B / 2$"吗？其实，这仅仅是算数平均数，统计上的"平均数"远不止这些。如图 4-3 所示，平均数包括静态平均数和动态平均数，静态平均数又分为数值平均数和位置平均数。数值平均数包括算数平均数、调和平均数和几何平均数，位置平均数包括众数、中位数及分位数。

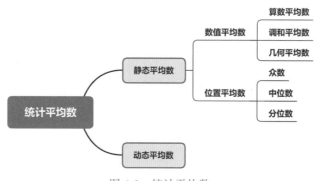

图 4-3 统计平均数

1. 算数平均数

算数平均数（Arithmetic Mean）是统计学中最基本、最常用的一种平均指标，分为简单算术平均数、加权算术平均数。

简单算数平均数是直接加和后平均。假设一组数据为 x_1，x_2，$\cdots$，x_n，简单的算术平均数的计算公式如下：

$$M = \frac{x_1 + x_2 + \cdots + x_n}{n} = \frac{\sum_{i=1}^{n} x_i}{n}$$

加权算术平均数适用于经过分组整理的数据。假设原始数据被分为 n 组，各组数据分

别为 x_1，x_2，$\cdots$，x_n，各组权数分别为 f_1，f_2，$\cdots$，f_n，加权算数平均数的计算公式如下：

$$M = \frac{x_1 \times f_1 + x_2 \times f_2 + \cdots + x_n \times f_n}{f_1 + f_2 + \cdots + f_n} = \frac{\sum\limits_{i=1}^{n} x_i}{\sum\limits_{i=1}^{n} f_i}$$

算数平均数的应用非常广泛，如企业经营管理中的各单位平均收入，各产品平均销售利润等。

2. 调和平均数

调和平均数（Harmonic Mean）又称倒数平均数，是总体各统计变量值倒数的算术平均数的倒数。调和平均数同样也可分为简单调和平均数和加权调和平均数。

简单调和平均数是算术平均数的变形，假设一组数据为 x_1，x_2，$\cdots$，x_n，计算公式如下：

$$M = \frac{1}{\dfrac{1}{n} \times \left(\dfrac{1}{x_1} + \dfrac{1}{x_2} + \cdots + \dfrac{1}{x_n} \right)} = \frac{1}{\dfrac{1}{n} \sum\limits_{i=1}^{n} \dfrac{1}{x_i}} = \frac{n}{\sum\limits_{i=1}^{n} \dfrac{1}{x_i}}$$

加权调和平均数是加权算数平均数的变形，假设原始数据被分为 n 组，各组的数据分别为 x_1，x_2，$\cdots$，x_n，各组的权数分别为 f_1，f_2，$\cdots$，f_n，计算公式如下：

$$M = \frac{1}{\dfrac{1}{f_1 + f_2 + \cdots + f_n} \times \left(\dfrac{1}{x_1} f_1 + \dfrac{1}{x_2} f_2 + \cdots + \dfrac{1}{x_n} f_n \right)} = \frac{\sum\limits_{i=1}^{n} f_i}{\sum\limits_{i=1}^{n} \dfrac{f_i}{x_i}}$$

在缺少总体单位数据的场景下，我们需要使用加权调和平均数。例如已知某产品各区域的销售单价和销售收入（见表 4-1），需要计算该产品平均销售单价时，可采用加权调和平均数。

表 4-1　某产品各区域销售数据

区　域	价格（元/件）(x)	销售金额（元）(f)	采购数量（件）(f/x)
东北	3 500	19 610 500	5 603
华北	4 200	31 941 000	7 605
华东	4 500	47 700 000	10 600
华南	4 500	38 803 500	8 623
华中	4 300	24 458 400	5 688
西北	3 800	13 699 000	3 605
西南	4 100	19 147 000	4 670

根据公式计算出该产品平均销售单价为 4 210.88 元/件。

$$M = \frac{\sum\limits_{i=1}^{7} f_i}{\sum\limits_{i=1}^{7} \dfrac{f_i}{x_i}} = \frac{195\,359\,400}{46\,394} = 4\,210.88\,(元/件)$$

3. 几何平均数

几何平均数（Geometric Mean）是对各变量值的连乘积开项数次方根。如果总水平、总成果等于所有阶段、所有环节水平、成果的连乘积总和，求各阶段、各环节的一般水平、一般成果，要使用几何平均法计算几何平均数，而不是使用算术平均数。如图 4-4 所示，通过几何图形，我们能更好地理解几何平均数和算数平均数的区别。

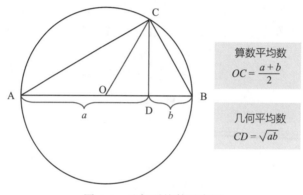

图 4-4　几何平均数示意图

简单几何平均数计算公式如下：

$$M = \sqrt[n]{x_1 x_2 \cdots x_n} = \sqrt[n]{\prod_{i=1}^{n} x_i}$$

加权几何平均数计算公式如下：

$$M = \sqrt[f_1 f_2 \cdots f_n]{x_1^{f_1} x_2^{f_2} \cdots x_n^{f_n}} = \sqrt[\sum\limits_{i=1}^{n} f_i]{\prod_{i=1}^{n} x_i^{f_i}}$$

几何平均数适用于计算复利下的平均年利率、连续作业车间的平均合格率等。

4. 众数

众数（Mode）是指在统计分布上具有明显集中趋势的数值，代表数据的一般水平。通俗一点讲，它就是一组数据中出现次数最多的数值。例如某小组员工的年龄分别为 24、24、25、25、25、28、28、30、31、33、35，众数就是 25，代表这个年龄的员工最多。有时，众数在一组数中有多个。

5. 中位数及分位数

中位数（Median）又称中值，是按顺序排列的一组数据中居于中间位置的数。数值平均数体现了整体数据的平均水平，但并不能很好地体现这组数据的分布情况。中位数、分位数则更加客观地弥补了数值平均数的缺陷。

找到中位数，首先要将分析的数据进行升序排列，再找到最中间的数值。假设一组数据为 x_1，x_2，$\cdots$，x_n，将其从小到大排列后的顺序为 $x_{(1)}$，$x_{(2)}$，$\cdots$，$x_{(N)}$，那么找到中位数的方式如下：

$$当N为奇数时，M = x_{(N+1)/2}；当N为偶数时，M = \frac{x_{(N/2)} + x_{(N/2+1)}}{2}$$

分位数（Quantile）又称分位点，是指将一组数据分为几等份的数值点，包括二分位数（即中位数）、四分位数、百分位数等。

关于中位数、分位数，我们通常可以使用箱线图来展示，这在第 5 章会进行详细介绍。

6. 动态平均数

动态平均数一般指序时平均数，指的是将不同时间的发展水平加以平均而得到的平均数。移动平均法是计算动态平均数的典型方法。

移动平均（Moving Average），又称滚动平均、滑动平均。根据计算方法的不同，目前比较流行的移动平均包括简单移动平均、加权移动平均、指数移动平均，更高阶的移动平均则有分形自适应移动平均、赫尔移动平均等。

其中，最常见的是简单移动平均。假设 x_t，x_{t-1}，$\cdots$ 分别为 t，$t-1$，$\cdots$ 期的观察值，n 为观察期数，那么第 t 期的移动平均计算公式为：

$$M_t = \frac{x_t + x_{t-1} + \cdots + x_{t-n+1}}{n} = \frac{1}{n}\sum_{i=0}^{n-1}x_{t-i}$$

例如，上证指数日线的 5 个不同计算窗口（5 日、10 日、20 日、30 日、60 日）的简单移动平均线，即采用移动平均计算得到的，如图 4-5 所示。以 MA5 为例，每日的 MA5 值通过当日最近 5 天的收盘价除以 5 计算得出（即最近 5 天的移动平均），将每日的数据连成线，就可画出 5 日均线，依此类推。

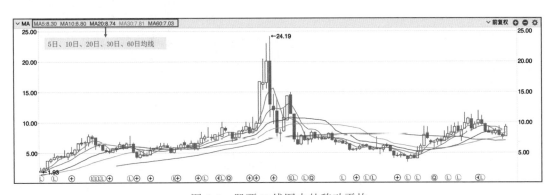

图 4-5　股票 K 线图中的移动平均

上述平均为一次简单平均，在计算库存商品的成本时，通常会采用移动平均的方式，因为使用先进先出法、后进先出法计算出的成本会存在差异。

4.2.3 离散趋势统计

离散趋势（Tendency of Dispersion）是指一组数据背离分布中心值的特征，反映各变量值远离其中心值的程度，最常应用场景是产品质量检查，用来分析产品各指标值与标准值的差异。

离散趋势指标包括极差、平均差、方差、标准差、标准误差、四分位数间距和变异系数等。

1. 极差

极差（Range）又称全距，是指一组数据观察值中的最大值和最小值之差，计算公式为：

$$R = 最大观察值 - 最小观察值$$

极差是最简单的反映样本整体的离散程度的指标，比如最高销售额与最低销售额之间的差异。

2. 平均差

平均差（Mean Deviation）指总体各观察值对其算术平均数的离差绝对值的算术平均数，计算公式为：

$$MD = \frac{|x_1 - \bar{x}| + |x_2 - \bar{x}| + \cdots + |x_n - \bar{x}|}{n} = \frac{\sum_{i=1}^{n} |x_i - \bar{x}|}{n}$$

它综合反映了总体各观察值的变动程度。平均差越大，表示观察值变动幅度越大；反之，表示变动幅度越小。相比极差，平均差反映的是各样本数据与平均值之间的差异，比极差更客观地体现了观察值的离散程度。比如所有产品销售额与平均销售额之间的差异和，相比最高最低值之间的差异，更能反映整体的情况。

3. 方差及标准差

方差（Variance）是各个数据与其算术平均数的离差平方和的平均数，通常以 σ^2 表示。标准差（Standard Deviation）又称均方差，一般用 σ 表示。

方差计算公式为：

$$\sigma^2 = \frac{(x_1 - \bar{x})^2 + (x_2 - \bar{x})^2 + \cdots + (x_n - \bar{x})^2}{n} = \frac{\sum_{i=1}^{n} (x_i - \bar{x})^2}{n}$$

标准差计算公式为：

$$\sigma = \sqrt{\frac{\sum_{i=1}^{n} (x_i - \bar{x})^2}{n}}$$

方差、标准差与平均差的分析思路一致，只是反映离散程度，我们可以根据不同的场景来选取更合适的方法。

4. 标准误差

标准误差（Standard Error）也称标准误，是样本平均数抽样分布的标准差，用于描述对应的样本平均数抽样分布的离散程度及衡量对应样本平均数抽样误差大小的尺度。

通常在观察数据量非常大的情况下，我们无法直接计算标准差，可以抽取多份大小为 n 的样本数据，每份样本有一个均值，使用这个均值来研究数据的偏差程度，这就是标准误差。其计算公式为：

$$SE_{\bar{x}} = \sqrt{\frac{(\bar{x}_1 - \bar{x})^2 + (\bar{x}_2 - \bar{x})^2 + \cdots + (\bar{x}_n - \bar{x})^2}{n}} = \sqrt{\frac{\sum_{i=1}^{n}(\bar{x}_i - \bar{x})^2}{n}}$$

标准误差与标准差的区别在于是否为全量样本。随着技术的发展，海量计算已经不是问题，但对于产品质量检查，比如类似汽车的撞击测试，我们不可能把所有生产出来的汽车都去做破坏性测试，这需要利用抽样数据来分析。

5. 四分位数间距

四分位距（InterQuartile Range，IQR）是描述统计学中的一种方法，是第三四分位数和第一四分位数（即 Q_3 和 Q_1）的差距。其计算公式为：

$$IQR = Q_3 - Q_1$$

四分位数可以理解为中位数的一种延伸，是在中位数的基础上扩展了两个分位，进一步降低了异常数据对整体数据分布情况的影响程度。通常情况下，四分位数间距与四分位数以箱线图的方式进行组合分析，共同体现数据的整体分布情况及异常数据情况（参见第 5 章中的案例）。

6. 变异系数

变异系数（Coefficient of Variation）又称离散系数、变差系数，是概率分布离散程度的一个归一化量度，定义为标准差 σ 与平均值 μ 之比。

$$C_v = \frac{\sigma}{\mu}$$

变异系数主要解决的是当两组数据量纲差距太大时，比如一个集团企业内两个体量差异较大的单位，分析产品质量方差、标准差、标准误不客观的问题。

4.3　诊断性分析方法

诊断性分析方法可以总结为两类：一类是已知事物之间的关系，目的在于研究各类因素的影响程度；另一类是探寻事物之间的关联关系。第 2 章中提到的因素分析及追溯与洞察属于第一类，相关性和因果性分析则属于第二类。

4.3.1 因素分析法

因素分析法包括连环替代法、差额分析法、指标分解法、定期替代法等。第 2 章中关于资产负债率的因素分析是连环替代法的典型案例。在实际应用中，这类分析方法更适合于相对固定的指标关系分析。错综复杂的指标之间的关系通过传统的关系型数据存储模式管理很难保证高效的计算和清晰的分析展示。大数据时代，通过构建知识图谱记录指标之间的关系，能够迅速追溯指标间的血缘关系，确保高效、准确的指标数据计算及更新，并可以通过可视化的方式展示指标之间的关联关系，迅速搜索、查找指标数据。具体的案例将在第 8 章中详细阐述。

4.3.2 上卷与下钻

提起数据的上卷和下钻，就不得不重新提到第 3 章中讲述的立方体模型和多维层次模型。如图 4-6 所示，以某电商的各类商品销售额为例，按时间、地区、商品类型 3 个维度构建数据立方体模型，便于按各维度不同粒度层层展开分析。

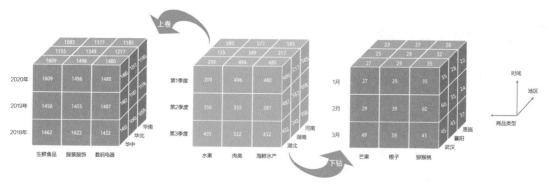

图 4-6　立方体上卷及下钻模型

其中，蓝色立方体展示各年、各区域、各商品大类的销售额，黄色立方体展示 2020 年各季度、华中各省、各类生鲜食品的销售额，绿色立方体则展示 2020 年第 1 季度各月、湖北省各市、各类水果的销售额。黄色立方体到蓝色立方体的维度向更粗粒度转换，称为"上卷"；黄色立方体到绿色立方体的维度向更细粒度穿透，称为"下钻"。

实际应用中，三维立方体模型通常是很难满足需求的，这就需要多维层次模型来支撑，我们可以通过灵活的多维度组合及切换模式，灵活地上卷和下钻，甚至超越上卷和下钻进行多维度的灵活组合，如图 4-7 所示。

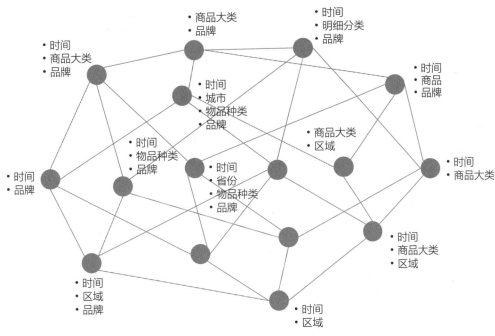

图 4-7　多维层次模型的灵活上卷及下钻

无论立方体模型，还是多维层次模型，都更适合于对宽表模型进行分析。

4.3.3　关联分析

万事万物之间都存在着千丝万缕的联系。对数据抽丝剥茧，探索存在于项目集合或对象集合之间的频繁模式、关联、相关性或因果性，这就涉及关联分析。

第 2 章中提到的啤酒和尿布的经典案例，我们如何确定其关联关系呢？首先看一组数据。在零售行业中，尤其是超市，我们把单笔订单内包含的商品分为一组。如表 4-2 所示，为更清晰展示关联关系，我们以 5 组数据进行举例，数据量多时依此类推。

表 4-2　某超市订单样例数据

订单编号	商 品
000001	尿布、啤酒
000002	啤酒、抽纸、菠菜
000003	奶瓶、尿布
000004	尿布、啤酒、抽纸、菠萝
000005	尿布、啤酒、菠萝、抽纸

针对此例，我们先了解几个概念。

❑ **频繁项集**：出现较多的组合，如 { 尿布，啤酒 } 就是一个频繁项集。在关联分析中，重要的就是要找到"频繁"的项集。

❑ 关联规则：购买某商品会影响到另一商品的购买。如 { 尿布 }=>{ 啤酒 } 是一个关联规则，意味着如果消费者购买了尿布，很有可能会购买啤酒。

❑ 支持度：数据集中该项集所占的比例。如上例中 { 尿布 } 的支持度为 4/5，{ 尿布，啤酒 } 的支持度为 3/5。

❑ 置信度：针对某条关联规则，计算其可能发生的概率。对于 { 尿布 }=>{ 啤酒 } 这个关联规则来说，其置信度为 $\dfrac{支持度（\{尿布,啤酒\}）}{支持度（\{尿布\}）}=\dfrac{3}{5}\div\dfrac{4}{5}=\dfrac{3}{4}$。

在实际应用中，我们需要计算出所有组合的支持度及置信度，以对比各项集的频繁程度，从而推测出商品之间的关系，找到频繁项集。最常用的算法是 Apriori。支持度和置信度是量化关联关系的一个重要方法，但计算量是非常大的。为了提升计算效率，我们还需要知道一个原理，那就是频繁项集的子集一定是频繁项集，非频繁项集的超集一定是非频繁项集。假设我们认定支持度大于等于 0.6 的集合为频繁项集，如 { 尿布，啤酒 } 为频繁项集，那么 { 尿布 }、{ 啤酒 } 一定是频繁项集；{ 尿布，菠萝 } 是非频繁项集，那么 { 尿布，啤酒，菠萝 } 就一定是非频繁项集。这样就可以大大提升计算效率。

借助频繁项集和非频繁项集的计算结果，超市可以调整货品的摆放。例如，将频繁项集中的货品摆放在一起，有助于帮助消费者更方便地选择商品，进一步提升超市销售额。

4.4 预测性分析方法

描述性分析与诊断性分析可以帮助数据分析者探寻数据规律，清晰了解数据现状。但停留于此，对于管理者是远远不够的。管理者往往更需要的是，在研究现有数据规律的基础上，进一步推断出未来数据的走向并做决策。这类分析方法就是预测性分析方法。预测性分析方法有很多种，本节重点介绍回归、分类以及聚类方法。

经过大量分析研究，我们发现事物的发展往往在走向极端时会被拉回中心，这就是回归分析。广义的回归通常包括线性回归、逻辑回归。其中，线性回归以分析连续型数据为目标，逻辑回归则以分析离散型数据为目标。因此，逻辑回归中虽然有"回归"二字，但事实上是分类的方法。

分类与聚类不同的是，分类是一种有监督的学习方式，聚类则是一种无监督的学习方式。分类是利用一系列已知分类的样本数据进行训练，不断调整分类器参数，进一步判定待研究数据类别的方法。聚类则是在没有给定样本数据划分类别的情况下对数据进行分组的方法。

接下来，我们以线性回归、逻辑回归，以及聚类算法中最常用的 K-Means 算法为例来具体阐述。

4.4.1　线性回归

线性回归（Linear Regression）是利用称为线性回归方程的最小二乘函数对一个或多个自变量和因变量之间关系进行建模的一种回归分析方法。

首先来了解一元线性回归的原理，例如我们研究广告费和销售额之间的关系时，可以用散点图的方式将观测值绘制出来，如图 4-8 中橙色的点。其中，X 轴代表广告费，Y 轴代表销售额。为了研究广告费和销售额之间的关系，我们可以画一条直线，让所有观测值的点尽可能靠近这条直线。

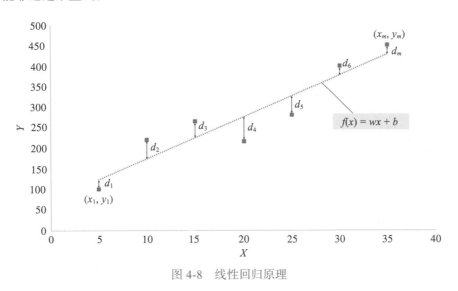

图 4-8　线性回归原理

通常，寻找实际销售额与回归线预测值之差的平方和的最小值，就是最小二乘法最基本的应用。其原理与方差、标准差的原理异曲同工。假设最终得出的回归曲线方程式为 $f(x) = wx + b$，现在需要计算出 w、b 的值，使 $d_1^2 + d_2^2 + \cdots + d_m^2$ 最小。该平方和被记作 $J(w, b)$，计算公式如下。

$$J(w, b) = \sum_{i=1}^{m} (y_i - f(x_i))^2 = \sum_{i=1}^{m} (y_i - w_i x_i - b)^2$$

我们加入更多观察数据，如图 4-9 左侧表格所示。根据上述公式计算该平方和最小值，得到回归方程 $y = 8.7256x + 125\ 718$。接着根据方程式进行预测，当广告费为 5 万元时，将 $x = 50\ 000$ 带入，计算得出销售额为 561 998 元。

然而，事物之间的关系并非通过一元线性关系就能解决的，所以我们要引入回归分析。

接上述案例中的数据，图 4-10 列示了多种回归分析模式。从广义上讲，这些都属于线性模型，只是拟合程度不尽相同。上面 3 种分别为简单线性、指数型、对数型回归分析模式，下面 3 种则是多项式模式，分别为 2 阶、3 阶、6 阶的示例。可以看出，高阶多项式的拟合程度较高，更有利于研究数据的关系。但实际应用中，并非拟合程度越高越好。在使用回归分析进行预测时，过拟合有可能导致结果不准确。因此，根据不同场景找到合适的回归函数更为重要，且通常需要大量的测试数据进行拟合验证。

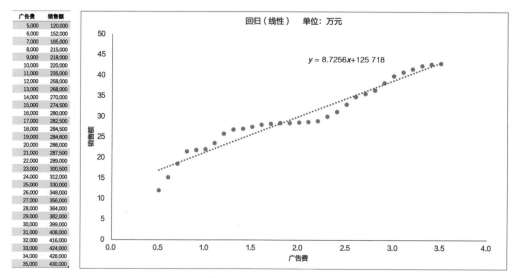

图 4-9　广告费与销售额的线性回归分析

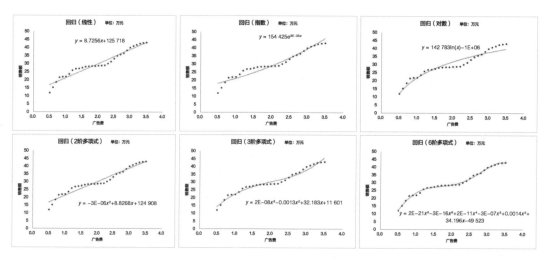

图 4-10　广告费与销售额的多种回归分析模式

实际应用过程中，我们需要准备大量样本数据，模拟出合适的回归模型，并使用实时历史数据进行验证。验证后的模型可用于最终的预测。

4.4.2　逻辑回归

逻辑回归（Logistic Regression）是一种对数几率模型，是离散选择模型之一，属于多重变量分析范畴,是社会学、生物统计学、临床医学、数量心理学、计量经济学、市场营销学等学科中统计实证分析的常用方法。

逻辑回归是线性回归与 sigmoid 函数组合分析的结果。

$$逻辑回归 = 线性回归 + sigmoid \ 函数$$

图 4-11 所示是 sigmoid 函数曲线。当 t 接近 $-\infty$ 时,函数值趋近于 0;当 $t = 0$ 时,函数值为 0.5;当 t 接近 $+\infty$ 时,函数值趋近于 1。

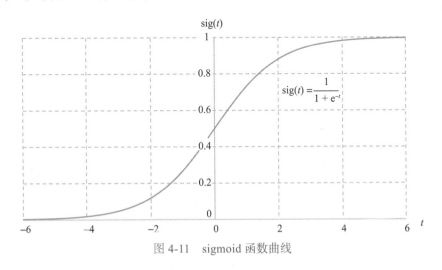

图 4-11　sigmoid 函数曲线

那么,如何将线性回归分析通过 sigmoid 函数转换为分类分析呢? 其公式推导如下:

$$t = wx + b$$
$$y = \frac{1}{1 + e^{-t}} = \frac{1}{1 + e^{-(wx+b)}}$$

接着以广告费和销售额线性回归分析为例,假设销售额达到 25 万元为达标,反之为未达标。那么,以 25 万元为分界线,销售额小于 25 万元对应 sigmoid 曲线中 t 小于 0 的部分;销售额为 25 万元对应 $t = 0$;销售额大于 25 万元对应 t 大于 0 的部分。如图 4-12 所示,经过转换之后,我们可以将观察点分为两个类别:粉色区域代表达标,蓝色区域代表未达标。根据推导公式,后续的预测点也将落在对应的区域。通过这种方式,我们完成了分类计算。

案例中的"25 万元"用数学公式表述为 $y = 250\,000$,称为"决策边界"。实际应用中,边界不会像案例中的判断标准如此简单,可能为之前线性回归中介绍的一元线性边界,也可能是多项式组成的边界。这里就不得不提到损失函数,其公式如下:

$$C = -[y\ln a + (1-y)\ln(1-a)]$$

这里我们不深究损失函数如何得来,只需要知道,损失函数是判断预测值和实际值相似程度的函数。损失函数的计算结果能更好地反映模型的准确性。其值越小,模型越好。

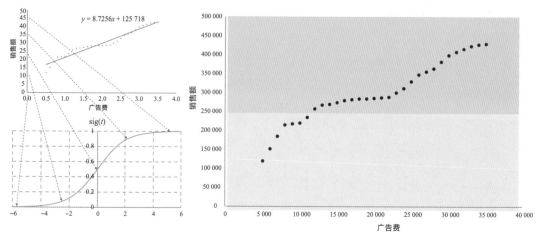

图 4-12 逻辑回归示例

4.4.3 *K*-Means 算法

俗话说"物以类聚，人以群分"，这就是聚类。就如我们从小学习认识颜色、动物、工具，就是在大脑中进行聚类，以便再遇到类似的事物时能正确辨识。在数据分析中，聚类将相似的数据分为一组。一个组可以称为一个"簇"。

聚类的原理是实现簇内点的距离最小化，簇内点与簇外点的距离最大化，从而形成"簇"，如图 4-13 所示。

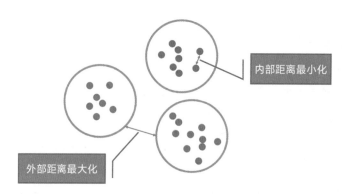

图 4-13 聚类原理示意图

从计算方式上看，聚类方法包括 *K*-Means、层次聚类、DBSCAN、高斯混合模型等。其中，最常用的算法是 *K*-Means。

K-Means 算法的原理是基于向量距离做聚类，如图 4-14 所示。图 4-14a 为需要聚类的数据，按照 *K*-Means 算法原理需要先确定"簇"的个数，这里为 3；然后随机选择 3 个点为簇的中心点，如图 4-14b 中 3 个菱形点所示；下一步分别计算图中灰色圆点与各菱形点

之间的距离，找到最近的菱形点连线，形成图 4-14c，并分别用不同的颜色标识；找到相同颜色点的重心位置，将菱形点分别移至各重心处，再重新计算各圆点与菱形点的距离并进行最短距离连线，形成图 4-14d。如此不断循环计算，直到菱形点位置不再移动，最终形成图 4-14e，则完成聚类计算，形成最终的 3 个簇。

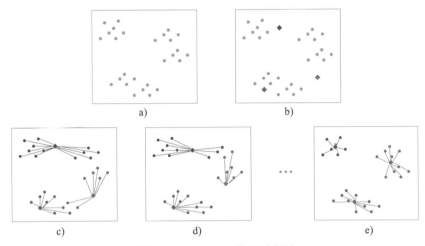

图 4-14　*K*-Means 算法示意图

聚类帮助我们对数据进行分类，适用于研究被观察对象的共性及规律，有很多应用场景，例如分析忠诚客户的共性、自动标记数据等。

4.5　指导性分析方法

预测性分析告诉数据使用者未来的发展趋势，或是当变量值达到某个水平时目标指标将会如何发展，但并没有告知应该"怎么办"。人们还是需要结合业务知识及相关经验进一步做出相应思考，才能知道如何决策。指导性分析则直接给出了决策建议。

说到决策建议，你一定会联想到"智能"，然后浮现出无数熟悉又陌生的算法名词，如贝叶斯、决策树、神经网络、协同过滤、马尔可夫模型、支持向量机、随机森林等。

看起来高深莫测，但其实对于普通的数据分析者来说，他们并没有必要精通所有算法的细节，能做到清晰知道各类算法可以解决的问题，知晓其基本的逻辑思路，能让算法作为实际数据分析过程中有力的帮手，就足够了。

本节将以决策树、随机森林、协同过滤、神经网络为主来介绍这几类算法是如何帮助数据使用者进行决策的。

4.5.1　决策树

决策树实际是利用二叉树原理实现的，它建立在分类基础上，通过分类帮助决策。

比如银行在审批贷款时，需要首先对贷款人的信用情况进行分析、测评。我们举一个简单的例子，根据银行对贷款人信息掌握情况及历史贷款归还情况来预测。表 4-3 列示了某银行贷款人历史贷款拖欠数据。

表 4-3　某银行贷款人历史贷款拖欠数据样例

序号	工作状况	有房者	年收入（元）	是否拖欠贷款
1	自由职业者	是	120 000	否
2	稳定收入者	否	80 000	否
3	自由职业者	是	180 000	否
4	稳定收入者	否	200 000	否
5	自由职业者	否	50 000	是
6	自由职业者	否	150 000	否
7	稳定收入者	是	50 000	否
8	自由职业者	否	300 000	否
9	自由职业者	否	60 000	是
10	稳定收入者	否	70 000	否

通过决策树模型进行分析时，首先需要计算各类因素的影响程度，这时要引入基尼系数和熵的概念。计算公式如下：

$$\text{基尼系数：Gini} = 1 - \sum_{i=0}^{n-1} [p(i)]^2$$

$$\text{熵：Entropy} = -\sum_{i=0}^{n-1} p(i) \log_2 p(i)$$

图 4-15 展示了基尼系数和熵的值范围，我们可根据具体场景使用不同的参考系数进行计算。

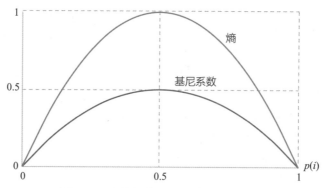

图 4-15　决策树度量指标选择参考系数

以基尼系数为例，按表 4-3 中的样例数据，通过计算各项加权基尼系数来做决策。具体为分别计算"工作状况""是否有房"及"年收入是否超过 100k"的加权基尼系数，并对其进行排序，通过排序确定决策树各节点的顺序，如图 4-16 所示。

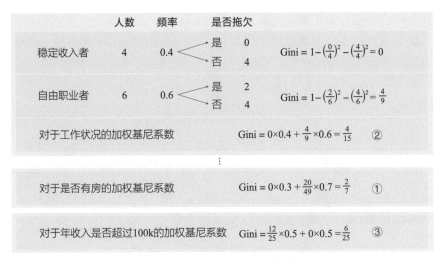

图 4-16　使用基尼系数的决策树案例

首先计算出稳定收入者与自由职业者的基尼系数（分别为 0 和 4/9），然后按照其出现频率加权计算，得出对于工作状况的加权基尼系数（即 4/15）。按照同样的方法，分别计算出对于是否有房、年收入是否超过 100k 的加权基尼系数（分别为 2/7、6/25）。

对比 3 者数据大小（2/7 > 4/15 > 6/25），可以看出，是否有房对是否拖欠款项的影响最大，其次为工作状况，最后为年收入是否超过 100k。

据此情况，我们可以绘制出决策树模型，如图 4-17 所示。

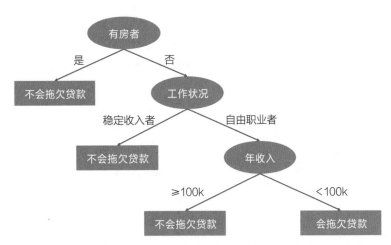

图 4-17　预测拖欠贷款可能性的决策树

4.5.2　随机森林

在实际应用中，往往受各种因素的影响，单棵决策树较难保证分类的准确性，很可能出现过拟或欠拟的情况。为了解决此问题，研究者提出了随机森林。我们从名字可以理解随机森林与决策树的关系：很多棵树构成森林，随机森林通过对 n 棵树的分类概率进行判断，选择出最优方案作为预测结果，从而对做决策进行指导，如图 4-18 所示。

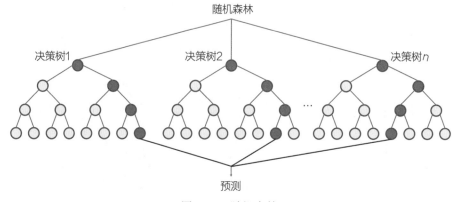

图 4-18　随机森林

接续决策树中的案例，我们还可以引入贷款者在其他机构的征信信息，并作为新的决策树加入组合判断，以便得到更加综合、准确的最终结论。

4.5.3　协同过滤

我们在选购商品时，经常会征询喜好类似的朋友的意见，也会对比相似物品的区别，最终才下订单购买。协同过滤推荐就是根据用户行为进行物品推荐的最经典、最常用的算法。它通过分析用户的兴趣，在用户群中找到类似的用户或类似的物品，综合相似信息的评价，形成该用户对物品喜好程度的预测。协同过滤推荐包括基于用户和基于物品的推荐。

通常，完成协同过滤推荐需要 3 个步骤。

第一步，收集用户喜好。

通常情况下，用户行为数据有多种，如浏览、收藏、购买、评论等。每类数据的体量不同，如一般浏览次数通常远远大于评论数量。要想合理推荐，首先就要对不同行为进行加权、归一，形成一张二维用户评分表。假设某店铺销售物品的数据经整理后形成了一份用户评分表，如表 4-4 所示。

表 4-4　某店铺用户评分表

用户 / 物品	物品 1	物品 2	物品 3	物品 4
用户 A	1	0	1	0
用户 B	0.5	0.5	0	0
用户 C	0	0.2	0	0
用户 D	0	0.8	1	0

（续）

用户 / 物品	物品 1	物品 2	物品 3	物品 4
用户 E	0.2	0	0	0.8
用户 F	0	0	0.1	0.5

第二步，寻找相似的用户或物品。

想找到相似用户或物品，需要依赖相似度算法。相似度算法一般是基于向量的计算。常用的算法包括余弦相似度、Tanimoto 系数、皮尔逊相关系数等。

1）余弦相似度又称余弦相似性，是通过计算两个向量的夹角余弦值来评估相似度。它根据坐标值将向量绘制到向量空间，被广泛应用于计算文档数据的相似度。例如，在信息检索中，每个词项被赋予不同的维度，而一个维度由一个向量表示，其各个维度上的值对应于该词项在文档中出现的频率。通过此方法，我们可以给出两篇文档在主题方面的相似度。计算公式如下：

$$c(x, y) = \frac{x \cdot y}{\| x \|^2 \cdot \| y \|^2} = \frac{\sum_{i=1}^{n} x_i y_i}{\sqrt{\sum_{i=1}^{n} x_i^2} \sqrt{\sum_{i=1}^{n} y_i^2}}$$

2）Tanimoto 系数是余弦相似度的扩展，计算公式如下：

$$t(x, y) = \frac{x \cdot y}{\| x \|^2 + \| y \|^2 - x \cdot y} = \frac{\sum_{i=1}^{n} x_i y_i}{\sqrt{\sum_{i=1}^{n} x_i^2} + \sqrt{\sum_{i=1}^{n} y_i^2} - \sum_{i=1}^{n} x_i y_i}$$

3）皮尔逊相关系数又称皮尔逊积矩相关系数，用于度量两个变量 x 和 y 之间的相关性，值介于 -1 与 1 之间。两个变量之间的皮尔逊相关系数定义为两个变量之间的协方差和标准差的商，计算公式如下：

$$p(x, y) = \frac{\sum_{i=1}^{n} (x_i - \bar{x})(y_i - \bar{y})}{\sqrt{\sum_{i=1}^{n} (x_i - \bar{x})^2} \sqrt{\sum_{i=1}^{n} (y_i - \bar{y})^2}} = \frac{n \sum_{i=1}^{n} x_i y_i - \sum_{i=1}^{n} x_i \sum_{i=1}^{n} y_i}{\sqrt{n \sum_{i=1}^{n} x_i^2 - \left(\sum_{i=1}^{n} x_i\right)^2} \sqrt{n \sum_{i=1}^{n} y_i^2 - \left(\sum_{i=1}^{n} y_i\right)^2}}$$

根据不同的场景，我们可选用不同的相关系数作为决策依据。接下来，我们选择基于物品的推荐算法，以余弦相似度为例来介绍协同过滤推荐算法的实现过程。

通过用户评分矩阵数据，根据余弦相似度公式计算各物品之间的相似度。例如物品 1 与物品 2 的相似度计算公式为：

$$c(w1, w2) = \frac{1 \times 0 + 0.5 \times 0.5 + 0 \times 0.2 + 0 \times 0.8 + 0.2 \times 0 + 0 \times 0}{\sqrt{1^2 + 0.5^2 + 0^2 + 0^2 + 0.2^2 + 0^2} \times \sqrt{0^2 + 0.5^2 + 0.2^2 + 0.8^2 + 0^2 + 0^2}} \approx 0.23$$

依此类推，分别计算出 4 类物品之间的相似度，形成图 4-19 所示的物品相似度矩阵。

图 4-19　物品相似度矩阵计算

第三步，计算并推荐。

根据物品之间的相似度，系统可以进一步向用户推荐未访问过的物品。例如用户 A 未关注过物品 2、物品 4，系统通过推荐算法猜测用户 A 会更喜欢物品 2 还是物品 4。

推荐结果通过"相似度矩阵 × 评分"得出。如图 4-20 所示，计算得出物品 2 的推荐结果为 0.81，物品 4 的推荐结果为 0.19，因此猜测用户 A 会更喜欢物品 2。进一步，系统在推荐时进行排序，优先推荐物品 2。

图 4-20　协同推荐计算

基于用户的协同过滤计算方式是同样的原理。目前，协同推荐广泛应用于商品的销售。其实，其在企业用户日常管理中也有很多应用场景，例如根据企业用户的喜好，推荐可能关注的指标、场景及相关数据，更好地发现管理中的数据问题。

4.5.4　神经网络

通常，我们发现让计算机进行成百上千亿的计算是非常容易的，但是让计算机识别类似图 4-21 中的动物，比人类就要慢很多，且不一定准确。

图 4-21　图像识别

人类、动物通过神经元思考的方式，与计算机以 0、1 存储的计算模型存在着巨大差异，但是通过神经元思考的方式，是否可以在计算机中复用呢？从生物中获得灵感是人类进步的关键。如图 4-22 所示，生物大脑中的基本单元是神经元，神经元由细胞体、树突、轴突构成，由树突接收输入脉冲，轴突输出脉冲，传递给下一个神经元。

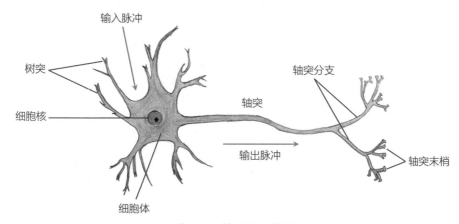

图 4-22　神经元示意图

模拟生物中神经元脉冲传导的思路，在数据分析决策机制中的输入、计算、输出分别对应树突、细胞体、轴突。图 4-23 所示抽象神经元模型中，假设从上一个细胞体轴突进入本细胞体的输入值为 x_i，计算时需要考虑每个输入值的权重 w_i，输入值通过类树突的模式传入细胞体，形成总和输入值 $z = \sum_{i=0}^{n} w_i x_i$，通过阈值函数 $y = f(z)$ 进行数据处理，进一步由轴突输出至下一个神经元。

人脑由 100 亿～1000 亿个神经元组成，可以完成复杂的事务处理。图 4-24 所示为多个神经元连接进行信号传输。

类似人脑中神经元的连接模式，机器在处理复杂事务计算时，也需要将多个抽象神经元模型联合起来。如图 4-25 所示，对于某个特定场景，我们可抽象为多层计算，层与层之间通过加权平均进行计算，最终输出结果以辅助决策。

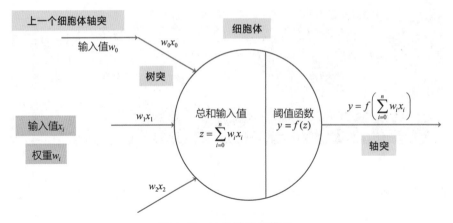

图 4-23 抽象神经元模型

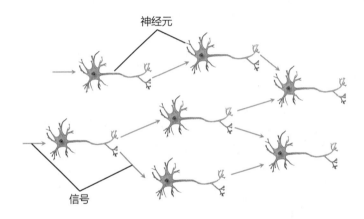

图 4-24 若干神经元连接

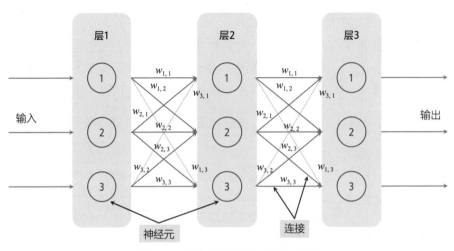

图 4-25 若干抽象神经元连接模型

有了神经网络，对于复杂的场景，我们可以通过模拟人类大脑思考方式，让计算机进行判断。它适合应用于大量知识系统。因为人们掌握的知识和信息有限，神经网络能够帮助我们做出更好的决策，如可以帮助识别图 4-21 中的动物是鸭子；进一步到企业应用中，可以通过碎片化的信息（如局部设备照片等）直接识别设备的位置；当设备出现故障时及时帮助定位，并提供对应备用设备、维修工具等位置信息，指导相关人员快速完成检修工作。

4.6　本章小结

本章通过案例化的方式介绍了描述性分析、诊断性分析、预测性分析、指导性分析 4 个层次的方法。智能数据分析的最终目标是指导决策。在不同场景下，我们可以选用不同的分析方法。对于大多数分析者而言，他们至少需要掌握描述性分析和诊断性分析方法；对于有复杂场景分析需求以及专业的数据分析师来说，他们更需要掌握预测性分析和指导性分析方法，并且在本书讲解内容的基础上，学习和实践更多算法模型。第 5 章将介绍如何将分析后的数据以更直观、易懂的方式展示出来，让人们更好地理解和使用数据，这就是数据可视化。

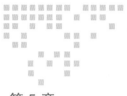

数据可视化分析

什么是数据可视化?

通俗地说,我们用数据来描述世界,用图形化的方式来展示数据,进而获取分析结果这就是数据可视化。

数据可视化在英文中对应两个单词:Visualize 和 Visualization。这也能更好地印证上面的通俗解释。可视化包括两层含义:一层是动词 Visualize,通过生成符合人类感知的图像来传递信息,也就是数据分析师将数据可视化的过程;另一层是名词 Visualization,是对某目标进行可视化的结果,也就是数据使用者获取信息的载体。实际上,在数据分析过程中,Visualize 和 Visualization 的过程交替贯穿始终。可视化图像的转换和即刻获取信息,能有效提升分析效率,洞察出意想不到的事物规律。

5.1 可视化简史

追溯历史,我们可能永远无法确认第一个可视化作品的真正的样子,因为早在史前时代,在沙地、岩石上就已经有可视化的雏形了。接下来,我们了解一下有记载以来的数据可视化发展史。

5.1.1 18 世纪以前:图形符号

最初,人们通过图形来描述地理位置信息。图 5-1 展示了 3 个不同时期的图形可视化。公元前 550 年左右,希腊哲学家阿那克·西曼德创造了第一个公开的世界地图。虽然地图非常简单,但在那个年代,可以绘制出这样的图形已经非常令人叹为观止了。公元 950 年左右，欧洲出现了一张描绘太阳、月亮和行星随时间变化而变化的全年位置轨迹图。现在似乎很难准确解释其真实含义，但可以看出坐标轴、折线的雏形，让我们不得不惊叹于先人的智慧。17 世纪，随着科学的发展，可视化被更广泛地应用在物理等科学数据的展示上。1686 年，历史上第一幅天气图诞生，其中显示了地球的主流风场分布，是向量场可视化的鼻祖。

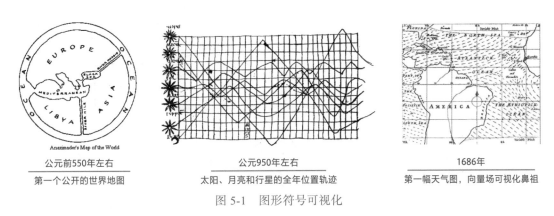

公元前550年左右

第一个公开的世界地图

公元950年左右

太阳、月亮和行星的全年位置轨迹

1686年

第一幅天气图，向量场可视化鼻祖

图 5-1　图形符号可视化

5.1.2　18～19 世纪：统计图形从萌芽到繁盛

18 世纪，多种多样的图形展示开始涌现，统计图形从萌芽并走向繁盛。

1765 年，英国的约瑟夫·普里斯特利（Joseph Priestley）发明了时间线图。图 5-2 截取了原图的一部分。其中，单个线段表示某个人从诞生到死亡，从整体视角对比了从公元前1200 年到公元 1750 年间 2000 个著名人物的生平。

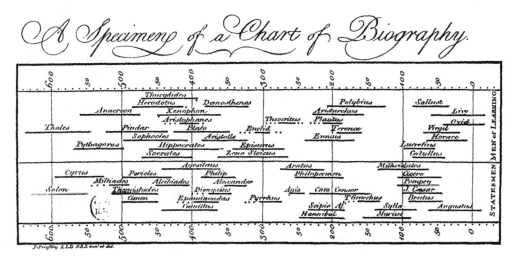

图 5-2　1765 年 Joseph Priestley 发明的时间线图

这幅时间线图直接启发苏格兰工程师和政治经济学家威廉·普拉菲尔（William Playfair）发明了条形图。该条形图首次出现在1786年出版的《商业与政治地图集》中，如图5-3所示。

该图展示了1781年苏格兰针对17个国家的进出口情况。此条形图是一种定量的图形展示，既没有在空间维度定位数据，也没有在坐标、表格或时间维度定位数据。对于离散定量构成的比较问题，它提供了一种很好的解决方案，这是数据可视化历史上的一项重大突破。

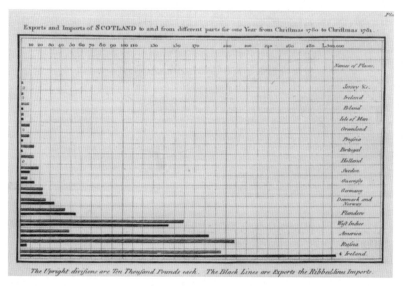

图 5-3　1781年苏格兰针对17个国家的进出口情况

经过多年的收集，普拉菲尔积累了一系列有关不同国家、不同时间的进出口数据。这本《商业与政治地图集》中还有另外一张时间序列图（换了时间维度来反映进出口情况），如图5-4所示。

图 5-4 中，这些数据以曲线及曲面的形式呈现，两条曲线分别代表1700年至1780年共80年间丹麦和挪威的进出口变化趋势，并且通过红色和黄色部分分别表示贸易逆差和贸易顺差情况。该图为现在的折线图、面积图、河流图奠定了基础。

1801年，普法费尔的 *Statistical Breviary* 中出现了饼图。

图 5-5a 通过在一个圆饼中划分不同的扇形面积，表示1789年土耳其在亚洲、欧洲和非洲的疆土比例，这是饼图的雏形。但是，其起初并未被广泛应用。

直到1858年，查尔斯·约瑟夫·米纳德（Charles Joseph Minard）成为第一个使用该图的人。他在图中增加了相关维度信息（见图5-5b），展示了从法国周边运到巴黎消费的各类肉品的数量。其中，圆饼的大小表示各区域的消费数量，有供应肉品的地区以黄色标示，而没有供应的地区以浅褐色标示。饼图内的扇形代表不同种类肉品的占比，其中黑色表示牛肉，红色表示小牛，绿色表示羊肉。这种绘图技巧一直沿用至今。

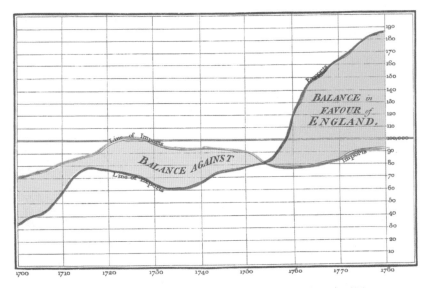

图 5-4　1700~1780 年间丹麦和挪威的贸易进出口序列图

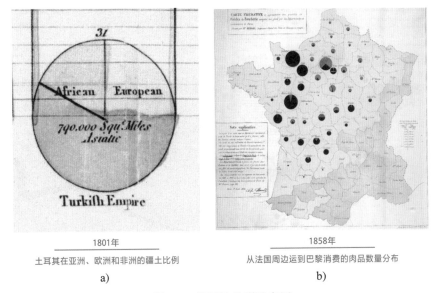

1801年	1858年
土耳其在亚洲、欧洲和非洲的疆土比例	从法国周边运到巴黎消费的肉品数量分布
a)	b)

图 5-5　饼图的发明及应用

　　继普法费尔和米纳尔德之后，1857 年英国护士及统计学家弗洛伦斯·南丁格尔（Florence Nightingale）创作出一张堆叠式饼图，如图 5-6 所示。她通过离圆心距离不同的扇区，分析了 1854 年 4 月到 1855 年 3 月以及 1855 年 4 月到 1856 年 3 月两个年度东部军队可能死亡原因的占比。这个图形也以其名字命名为"南丁格尔玫瑰图"。

　　19 世纪下半叶，可视化构建图形的方式越来越体系化，可谓进入了统计图形学的黄金时期。有一张值得一提的图是，米纳尔德在 1869 年发布的历史事件流图。它描绘了

1812～1813 年拿破仑从考那斯进军莫斯科的整体情况。如图 5-7 所示，在一幅图中同时呈现了军队的位置、行军路线、行驶距离、军队减员、重要时点气温的变化等信息，曾被誉为有史以来最好的统计可视化。

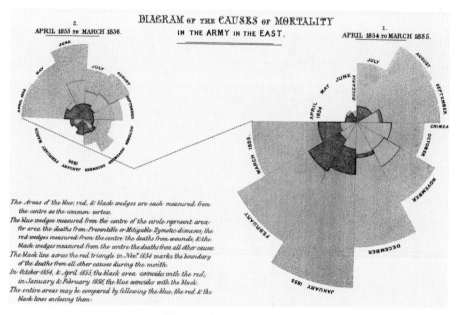

图 5-6　南丁格尔玫瑰图

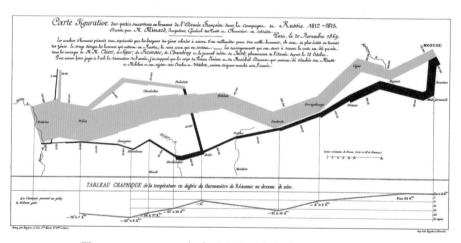

图 5-7　1812～1813 年拿破仑进军莫斯科的历史事件流图

5.1.3　20 世纪：多维信息图形规范化

20 世纪上半叶，图形展示开始在政府机构、商业和科学领域应用并慢慢普及。到了

20 世纪中叶，随着个人计算机的普及，人们逐渐开始使用计算机编程方式来实现数据可视化。

1962 年，约翰·图基（John W. Tukey）发表了具有划时代意义的论文 *The Future of Data Analysis*，成功地让科学界将探索性数据分析视为不同于数学统计的另一门独立学科，并在 20 世纪后期推广了茎叶图、盒形图等新的可视化图形，成为开启可视化新时代的人物。1967 年，雅克·贝尔汀（Jacques Bertin）发表了里程碑式的著作 *Semiologie Graphique*。这部著作根据数据的联系和特征来组织图形的视觉元素，为信息可视化提供了坚实的理论基础，如图 5-8 所示。

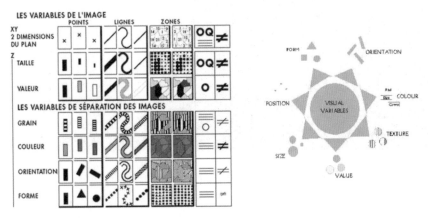

图 5-8　*Semiologie Graphique* 中的图形符号和表示理论

20 世纪下半叶，各类多维分析图表随着计算机技术的发展逐渐规模化、统一化，数据分析展示也从简单的数据统计方式转为较复杂的计算和较密集型的方式。

5.1.4　21 世纪以来：交互可视化

进入 21 世纪，我们开始面临海量、高维、动态数据可视化的挑战。技术的发展带来分析需求的指数级增长，传统的统计分析已经无法满足分析需求，多维可视化分析软件进入人们的视野。随着可视化软件不断推广应用，越来越多的普通业务人员开始参与到分析中。2016 年前后，大数据由概念开始向实用方向转变。可视化方向上，"探索""自助"成为分析界的流行词汇。数据分析市场开始朝着"人人都是数据分析师"方向发展。可视化不再仅仅是专业分析人员将分析结果呈现给大众，更多是在数据分析过程中更好地辅助分析者探索、决策。双向的反馈带来了更多的可能性。

如图 5-9 所示，现代的数据可视化更加多元化，大数据分析实时展示、高维动态图表应用已经普及。

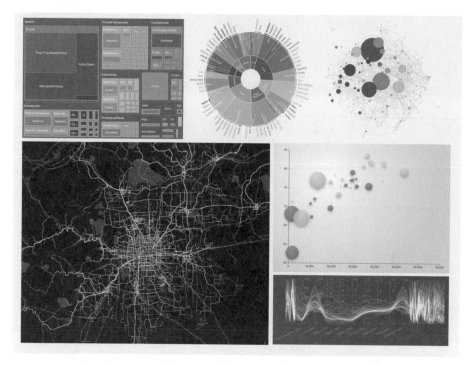

图 5-9　现代可视化分析展现

5.2　可视化图表基础理论

关于对数据的理解和审美，往往众口难调。但对于数据可视化，我们还是有一些方法和依据可以遵循的。20 世纪上半叶，人们开始总结相关规范，并随着分析工具的普及和分析图表的广泛应用，逐渐达成共识。数据可视化的主要展示形式是图表。接下来，我们重点探讨关于图表的基础理论。

主要的可视化图表分析通常包括比较分析、构成分析、分布分析和关联分析，如图 5-10 所示。

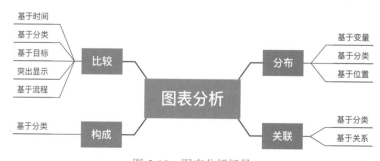

图 5-10　图表分析场景

5.2.1 比较分析

今年各区域销售情况和去年相比如何，各单位业绩差异有多大，预算目标是否达成，这些都是比较分析应用场景。

通过比较分析，我们可以快速掌握事情发展的趋势、对比各类情况的优劣。如图 5-11 所示，我们可以将比较分析分为基于时间、基于分类、基于目标、突出显示和基于流程 5 种类型。

图 5-11　比较分析

1. 基于时间

基于时间的比较分析最常见的应用场景便是趋势分析。说起趋势，第一时间想到的一定是折线图，以及在折线图基础上衍生出的面积图。折线图和面积图有异曲同工之处：在基于时间分析时，横轴代表时间维度，纵轴代表变量数值，通过不同颜色的折线和面积代表不同的分类。图 5-12 以不同形式展示了 2018 年 12 月北京日均气温变化趋势。

表面上看，折线图和面积图展示非常类似，该如何选择？相比较而言，对于多类型的比较分析，折线图更为合适；对于类型较少且较关注各类型之间差异的分析，面积图更为合适。如图 5-12 中白天气温与夜晚气温的差值，通过面积图中橙色顶点和蓝色顶点构成的色块更容易辨识。在气温维度，存在气温低于 0 度的情况，面积图更容易识别。如果不仅仅是白天、夜晚的气温，还包括日均气温对比，那么折线图可能更为合适。另外，如果同一个场景中需要进行多维度趋势分析，更换图形展示效果可以避免视觉疲劳。

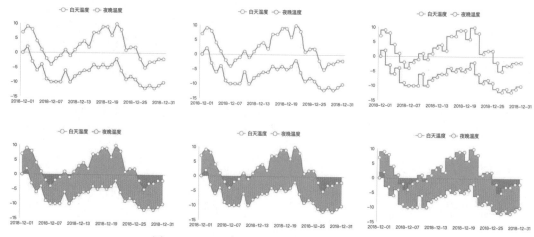

图 5-12 2018 年 12 月北京日均气温变化趋势

2. 基于分类

基于分类的比较分析，我们分为两组来看。第一组，常规的各类别比较分析，最常用的图形为柱状图，将其旋转 90 度之后形成条形图，将柱状图"掰弯"成圆形便是极坐标图；第二组，当不同类别数据的计量单位不同或存在较大的数量级差异，且需要在一个场景里比较分析时，双轴图更合适。

我们以某企业人员信息为例介绍柱状图。企业人员信息可分析的维度非常多，如所属部门、学历、职称、用工性质、性别、年龄等。如图 5-13 所示，选取学历和年龄两个维度分析人员数量，通过柱状图和条形图可以看出人员主要是本科及研究生，其中 35 岁以下本科人员最多。各个分类、各个维度的对比情况一目了然。

另外根据场景的整体情况，需要考虑各类图形的摆放和分布，如果剩余位置横向宽度较宽则适合使用柱状图，纵向长度较长则适合使用条形图。

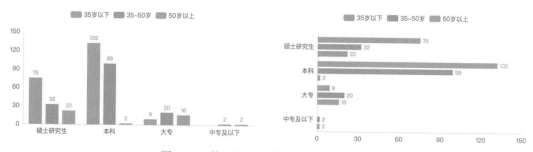

图 5-13 某企业人员学历及年龄分布情况

当分析维度超过 2 时，如想综合看人员职称、用工性质分布情况，同时又想对比男、女人数差异，那么可以在柱状图上增加一个维度。如图 5-14 所示，横轴用分组的形式展示职称和用工性质信息，柱子分两个颜色来分别代表男、女。

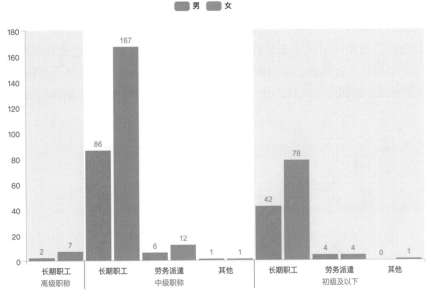

图 5-14 某企业人员职称、用工性质分布情况

上文提到的"掰弯"的柱状图，称为极坐标图。图 5-15 展示了企业各部门、各年龄段的人员分布情况。极坐标图有两种展现形式。图 5-15a 可以理解为将柱状图的横轴（也就是维度轴）"掰"成环形。所有柱子以扇形显示，扇形半径的长度代表人员数量。图 5-15b 是将柱状图的纵轴（也就是度量轴）"掰"成环形。所有分类数据从 0 点方向统一出发，以环形条方式向顺时针方向延展。其延展角度代表数值的高低。相比较而言，图 5-15a 适合 5~10 个分类的展示，过多或过少都会显得不太美观；图 5-15b 则适合分类相对较少，且分类名称较短，一般两三个字为宜，否则数据值过大会压盖维度值名称，不太美观。

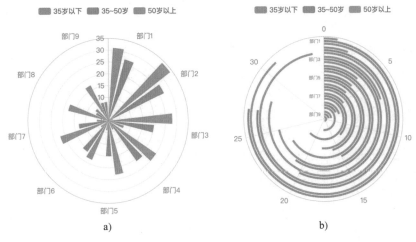

图 5-15 某企业各部门、各年龄段的人员分布情况

顾名思义，双轴图即有两个轴的图。这里的两个轴指的是两个纵轴。图 5-16 展示了各区域销售收入的目标值和实际值，同时展示了完成率。销售收入的数值在千万级，而完成率数据是百分比，如果共用同一个坐标轴会造成完成率几乎为一条直线且在图形底部，这时就需要另外增加一个次纵轴，即右侧的纵轴。也就是，通过柱状图展示目标值和实际值，通过折线展示完成率的趋势。这样，我们就可以在一个图形中完成 3 个指标的对比分析。

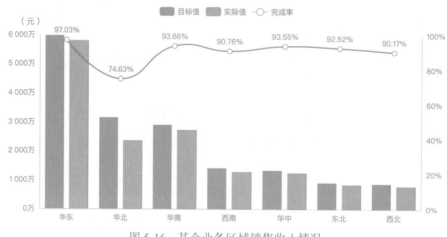

图 5-16　某企业各区域销售收入情况

3. 基于目标

凡事都有计划，有计划就有目标。评价项目的完成情况、预算的执行情况等都需要对比目标。

图 5-17a 为进度图，可以帮助我们快速对比各项目进度情况，具体为将项目进度目标归一化，对比进度百分比。图 5-17b 为标靶图，橘色的竖线代表收入预算目标值，通过底色的深浅标识出 0%～60%、60%～80%、80%～100% 的范围，深蓝色的条形代表实际预算执行数。通过标靶图，我们可以一眼辨识出哪些区域的预算未达标，哪些区域的预算超出，未达标的区域的预算执行百分比在什么范围。

各项目进度情况

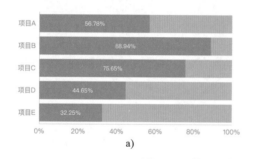

a)

各区域预算完成情况

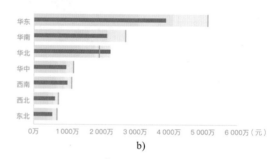

b)

图 5-17　某企业各项目进度及各区域预算完成情况

除了上述进度图和标靶图，对于单项目标的达成情况，我们还可以采用更加形象的展示方式。图 5-18a 为仪表盘，表盘代表指标取值范围，指针代表当前状态。在数据分析中，这种方式也常常被用于目标达成的展示，比如图中整个表盘代表全员参与的可能性范围，目标为100%，指针所指的 56.78% 代表当前的人员参与率。图 5-18b 为信息图，通过更加形象的方式展示，比如人员参与率可以用人的图标，从底部开始，蓝色部分覆盖得越多，代表参与率越高。

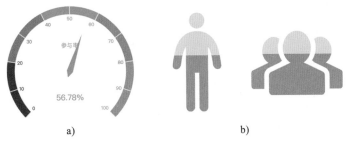

图 5-18　某活动人员参与率

信息图带来了图表展示更多的可能性，比如某小区 1~5 号楼的施工进度，可以通过房屋的图形展示，如图 5-19 所示。蓝色覆盖得越多，代表施工进度越快。

图 5-19　某小区施工进度

4. 突出显示

突出显示的目标是强调某项内容。在一份报告或是仪表板上突出某个指标的值，可以将该指标值放大，并放在明显的位置，我们把这种图表称为指标卡。如图 5-20 所示，宏观经济报告中需要强调国民总收入、国内生产总值、人均国内生产总值，我们可以用不同颜色、不同形式的指标卡进行展示。较大的字号在一个分析主题上容易引起关注，这也是突出显示的目的所在。

国民总收入（亿元）	国内生产总值（亿元）	人均国内生产总值（元）
896,916	900,310	6 4 6 4 4

图 5-20　某年宏观经济情况

在大数据分析中，词频分析是很常见的场景。技术的进步让分词、词频计算展示变得更加容易，这就是词云。传统的分析工具很难做到对大量文字进行分析，大数据技术解决了这一难题。可以首先通过切词技术自动切分长文本，形成单个词汇，然后通过分析词频快速了解语义的重点内容。

图 5-21 是某企业在调研信息化使用情况时的一个应用。在调研问卷中，有一项是描述信息化系统使用时遇到的问题。如果不使用分析工具，人工一天筛选分析全国几十家单位的 4 000 余份问卷，5 个人每人要看 800 多份问卷，不仅工作量超乎想象且很可能分析不准确。我们当时通过分析工具将问卷导入系统，通过词云的方式迅速发现了集中的问题，比如 ERP 系统的问题最多，集中在财务、报销、协同、凭证、查询等方面。针对各单位的筛选，我们快速获取到各单位的问题集中点。

图 5-21　某企业信息化系统应用中问题调研分析

5. 基于流程

电商的兴起带来了新的商业模式。随之而来的，我们需要研究用户在各个环节的转化率，以进一步分析是哪个环节出现了问题，进而及时采取相应的措施。与此同时，漏斗图被广泛应用。漏斗图最常用的场景是在电商网站从用户进入店铺到购买后最终评论的过程分析。如图 5-22 所示，购物全流程包括"进入店铺—查看商品详情—加入购物车—确认订单—支付—评论" 6 个步骤。每个步骤占上一个步骤的百分比为转化率，通常显示在左侧。

通过漏斗图，我们可以明晰各步骤的差异，分析出用户的行为及习惯，如进入店铺后浏览此商品的概率较低，是否需要考虑优化此商品在店铺首页的展示方式。

5.2.2　构成分析

分析中还有一种使用频率很高的方式，就是构成分析。构成分析通常是基于分类的分析，可以根据维度个数选择不同的图形进行展示。如图 5-23 所示，单一维度可以通过饼图、南丁格尔玫瑰图、瀑布图的方式展示，两个维度可以通过带坐标轴的堆叠条形图、堆叠柱状图、堆叠面积图、堆叠极坐标图以及分别对应的百分比堆叠图展示，多个维度时可以通过更加灵活的旭日图、矩形树图展示。

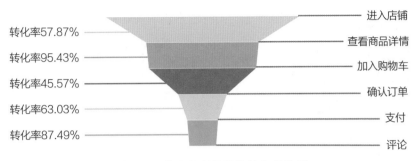

图 5-22　某电商商品销售转化率分析

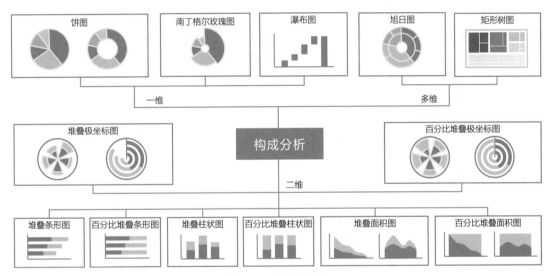

图 5-23　构成分析

1. 基于一维分类

如图 5-24 所示，根据国家统计局网站公布的 2018 年外国人入境情况统计数据，按性别进行人员构成分析，使用了普通饼图（见图 5-24a），为了美观更换为环形饼图（见图 5-24c）。对于出差事由的分析，因各分类数据差异较大，使用饼图会造成个别分类扇形过小，不容易区分展示且不美观。南丁格尔玫瑰图（见图 5-24b）能很好地解决此问题。这种展示方式保持扇形角度不变，通过面积大小表示数值大小，让各分类数据可以较为均匀地分布在图的周围，有效避免了占比较低的数值展示挤在一起的问题发生。当分类存在一定的顺序逻辑关系时，比如年龄段，有一定的顺序，且案例中入境的外国人年龄集中在 25～44 岁，使用饼图、南丁格尔玫瑰图也可以展示，但比不上瀑布图（见图 5-24d）的效果。瀑布图既可以将各年龄段的顺序通过坐标轴展示出来，又可以通过柱形面积大小展示各年龄段人数的差别，且有一定的累积展示效果。根据分类的具体情况及场景内的数据情况，选择合适的图形进行展示是非常必要的。

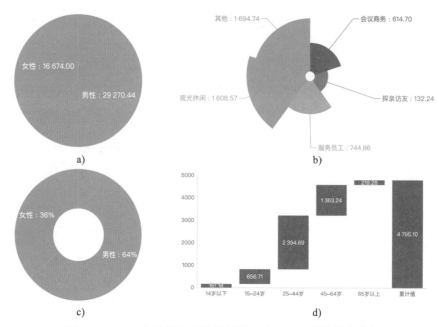

图 5-24　2018 年外国人入境按性别、事由、年龄的构成分析

2. 基于二维分类

　　当需要进行两个维度的分析时，饼图、南丁格尔玫瑰图和瀑布图比较难以展示，这时带坐标系的图形更合适。如图 5-25 所示，分析全国各区域男女比例情况，侧重分析总体数据大小时可采用堆叠系列图形，即堆叠柱状图（左上）、堆叠条形图（中上）、堆叠面积图（右上）；侧重对比各区域的男女构成占比，可采用百分比堆叠系列图形，即百分比堆叠柱状图（左下）、百分比堆叠条形图（中下）、百分比堆叠面积图（右下）。

　　至于具体采用柱状、条形还是面积类图形，主要以维度值、维度个数及整体报告的展示效果而定。倘若维度值名称较长，且长度不太统一，建议使用条形图；如果存在连续型数据分析，比如其中一个维度是日期，建议使用面积图，可以在一定程度上体现趋势。另外，与折线图一样，根据报告的整体情况，在某一类图形使用过多时可以适当变换展示方式以缓解视觉疲劳。

　　除了图 5-25 的展示方式，我们可以采用上文提到的"掰弯"方式，即将横纵轴分别处理为角度轴、径向轴。如图 5-26 所示，侧重数值对比时采用堆叠极坐标图（见图 5-26a、图 5-26b），侧重占比构成分析时采用百分比堆叠极坐标图（见图 5-26c、图 5-26d）。

3. 基于多维分类

　　一个场景下多维度的分析本可以通过多个图形展示，但是如果集中在一个图形展示，可以提供更丰富的信息，并表示其构成比例。图 5-27 展示了泰坦尼克号乘客获救情况。在分析乘客获救情况时，是否获救、乘客的舱位、性别、年龄都是关注的维度。左图用扇形大小分层展示各维度数据的构成情况，我们称之为旭日图。通过扇形面积大小，我们可以看出船员和三等舱的获救比例明显低于一等舱和二等舱，其中一等舱和二等舱的儿童全部获救，未获救的儿童均在三等舱。右图以方块的大小方式展示未获救者、获救者各舱位、性别的占比，这种图形称为矩形树图。我们从色块的大小能看出未获救者大多为男性，在获救者中男女比例相当。多维分类占比的图表为多层次的构成比例分析提供了有效手段。

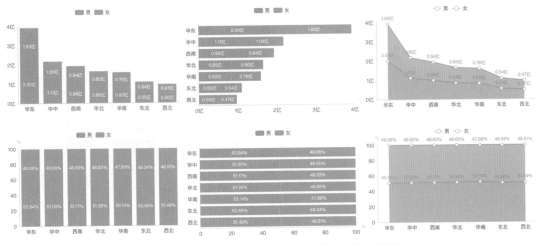

图 5-25　全国人口各区域男女构成带坐标系图形展示

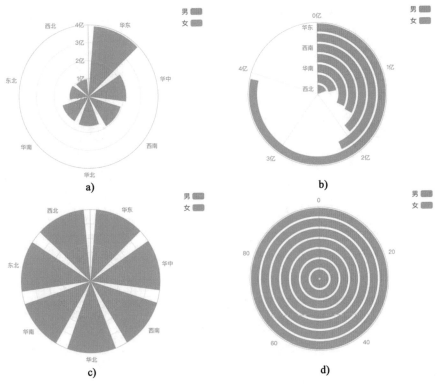

图 5-26　全国人口各区域男女构成极坐标图形展示

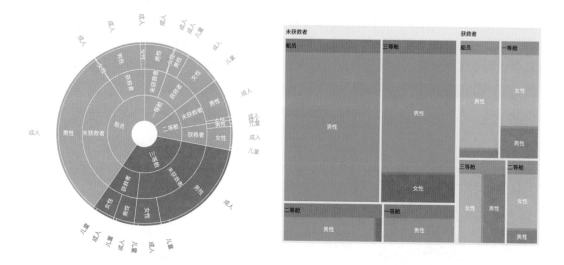

图 5-27　泰坦尼克号乘客获救情况

5.2.3　分布分析

随着数据量的增加，我们可能无法对所有的数据逐一进行详细的分析。在很多场景下，我们更关心大概率情况，此时需要使用分布分析。如图 5-28 所示，分布分析分为基于变量、基于分类、基于位置 3 种模式。基于变量的分析通常以数值范围为分析基础，基于分类的分析通常侧重各分类中的数据分布情况，基于位置的分析通常以地理位置信息为分析基础。

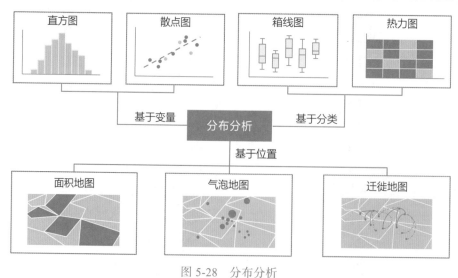

图 5-28　分布分析

1. 基于变量

20 世纪早期，英国统计学家阿瑟·鲍利（Arthur Bowley）设计了茎叶图。1977 年，统计学家约翰托奇（John Tukey）在著作 *Exploratory Data Analysis* 中将这种绘图方法介绍给大家。从此，这种绘图方法变得流行起来。

茎叶图如何使用，下面来看一个例子。为了研究两种治疗失眠的药物（A 药、B 药）的疗效，随机选取 20 名患者服用 A 药，20 名患者服用 B 药，经过一段时间监测，统计出 40 名患者日均增加睡眠的时间。

如图 5-29 所示，我们将 40 个样本数据放在茎叶图上展示，数据的整数部分作为"茎"，小数部分作为"叶"，来对比两种药物的疗效情况。茎叶图的具体绘图方式是将叶的部分分别在茎的两侧依次排开，如 A 药的第一个疗效数据为 0.6，识别出其"茎"值为 0，在 0 的左侧"叶"的部分填写 6，则完成此数据的放置，后续数据依此类推。

排列完成的数据形成完整的茎叶图。从分布上可以看出，A 药日均增加睡眠时间集中在 2～3 小时，其次为 1～2 小时；而 B 药集中在 1～2 小时，其次为 0～1 小时及 2～3 小时。从整体分布情况来看，A 药的疗效要好于 B 药。

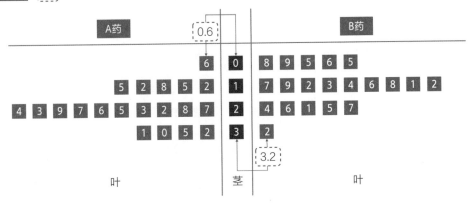

图 5-29　药物效果茎叶图

虽然茎叶图提供了一种非常好的分布情况分析思路，但它能够分析的数量较为有限，通常更适合相对小数据量的分析。随着对分析数据量的要求越来越高，在茎叶图的基础上衍生出了直方图，作为大数据量分布情况分析广泛应用的图形。

直方图乍一看和柱状图很像，但其原理和应用场景不尽相同。柱状图的横轴通常是分类，也可能是时间，纵轴为指标数值；而直方图的横轴则是指标数值范围，纵轴通常是频次。

如图 5-30 所示，分析某企业全球共 510 家门店 2018 年的利润分布情况，通过直方图可以看出，利润额总体呈正态分布，集中在 3 万～69 万元，存在亏损的门店。

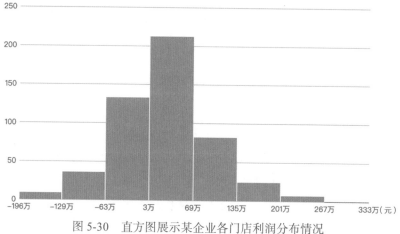

图 5-30　直方图展示某企业各门店利润分布情况

　　直方图实现的分布分析是单一维度数据范围的频次分析，对于多维度的数值分布情况，就需要利用多坐标轴的优势，可以使用散点图。

　　如图 5-31a 所示，观察 510 家门店利润额的目标值和实际值的分布情况，横轴代表实际值、纵轴代表目标值，以不同的颜色代表不同区域的门店，可以清晰辨识各门店的利润分布情况。从整体分布可以发现，目标值与实际值存在线性关系，进一步可以画出线性回归线以研究其分布规律。在对比过程中，我们还可以增加完成率为第 3 个维度。如图 5-31b 所示，通过三维散点图将数据更加立体化地展示出来。

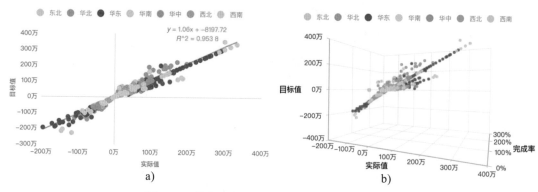

图 5-31　散点图展示某企业各门店利润分布情况

2. 基于分类

　　早在 1977 年，美国著名统计学家约翰·图基发明了一种图形，叫箱线图（又称箱形图、盒须图、盒式图）。箱线图通过展示最大值、最小值、上四分位数、下四分位数、中位数和异常值来描述一组数据的分布情况。不同分类之间的分布情况对比，可以通过多个箱线组合得到。

图 5-32 描述了单个箱线图的数据计算方式及各数值间的关系。箱线图制作步骤如下。

❑ 通过数据的分布情况计算出中位数、下四分位数（Q1）、上四分位数（Q3），将 Q1 及 Q3 的值标识出并画出一个矩形，这就是"箱"。在箱的中间用横线标识出中位数的值。

❑ 计算出四分位距 IQR = Q3–Q1，通过 IQR 确定内限（下限为 Q1–1.5IQR，上限为 Q3 + 1.5IQR）和外限的范围（下限为 Q1–3IQR，上限为 Q3 + 3IQR）。

❑ 寻找最大值和最小值，注意这里的最大值并不是整个数据范围的最大值，而是限定在内限范围的最大值和最小值，所以图中使用"上边缘"和"下边缘"的描述更加准确。同样，用横线将两个值分别标出，并增加一条竖线分别与"箱"连接，这就是"线"。最大值、最小值有可能刚好和内限的范围重合，但不会超出内限。

❑ 标识异常值。超出内限范围的数值均被认为是异常值。如果细分的话，可以将超出内限范围且并未超出外限范围的值认为是温和异常值，超出外限范围的值为极端异常值。大多数分析软件并未对异常值进行标识，通常标识出异常值但较少区分温和异常值和极端异常值。

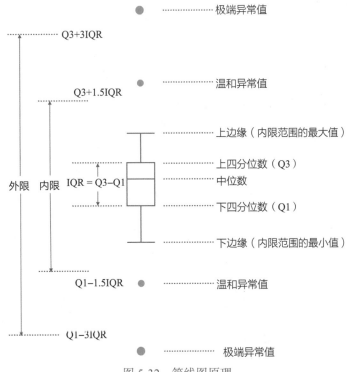

图 5-32　箱线图原理

多个箱线组合形成箱线图，以描述各分类的数据分布情况。图 5-33 为某电商平台的商品（以连衣裙为例）评价热度和价格关系分析示例。本示例以"连衣裙"为关键字搜索得到的结果进行分析，将商品评价数量进行阶梯分类，每个评价热度等级的商品价格使用一个箱线来表示。可以看出，评论数较低的商品价格分布较为分散，且评论数越高，商品价格相对越低。在评论数在 5 000+ 的高热度商品中，价格分布最为稳定，集中在 59～218 元。这个价格范围是大众更容易接受的。

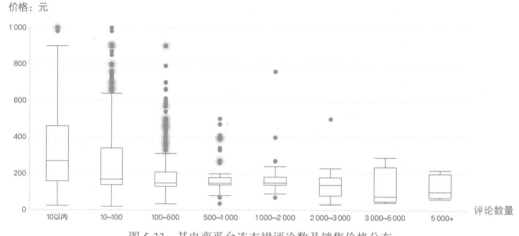

图 5-33　某电商平台连衣裙评论数及销售价格分布

箱线图是对单一维度数据分布的较深层分析，若需要增加维度进行分析，可以借助热力图来展现。图 5-34 展示了某集团企业的融资本金余额分布情况。融资合同分析有很多维度，图中选择了融资机构和融资期限分类两个维度。通过分析各融资机构各期限融资本金的情况，发现在建行六个月到一年及五年以上的融资分布比例最高；通过分析各融资机构和融资期间成本率的分布情况，发现建设银行提供的一到三年期平均利率水平高于某些银行提供的三到五年期的利率。从整体情况上看，整个集团和建设银行合作力度大，但利率水平可能并未争取到最低。我们一方面可以帮助集团关注是否某家下级单位在与银行谈判时未争取到最低利率，另一方面在集团总部与银行总行进行谈判议价时提供一些指导方向。

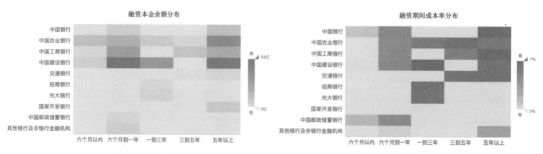

图 5-34　某企业在各金融机构各期限的融资本金余额分布

3. 基于位置

基于位置的分布分析，最直观的方式是将实际地理位置信息图形化，在地图上标识数据信息。这样可以更贴切地将数据与地理位置关联起来，让大脑更直观地接收信息。

图 5-35 展示了通过用不同的颜色标识音乐会会场不同区域的票价，这种图形称为面积地图。我们可以根据不同的场景使用某个平面区域的地图，或者各省市的地图、各个国家的地图、世界地图等。

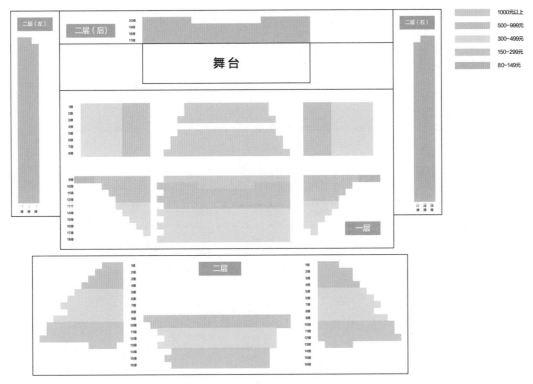

图 5-35　某音乐会场票价分布

图 5-36 展示了停车场在某区域的分布情况，根据地图的缩放比例进行了聚合统计。显然针对这种场景，面积地图无法满足需求，我们可以使用气泡地图。有气泡的地方代表有停车场，气泡标识的数字代表该区域停车场的个数。停车场使用者可以根据气泡分布情况选择合适的停车位置；停车场建设者可以将当前停车场的分布情况作为选址的参考信息。

面积地图和气泡地图都是用来呈现数据的静态分布情况的。对于动态的数据，我们同样可以通过地图的形式展示。如图 5-37 所示，某班车公司可以在地图中标识所有班车发车的起点和终点，通过动态图来描述班车的流向，这类图叫作迁徙地图。类似的分析方式还可以应用在公司各部门出差路径分布分析、疫情下人员迁徙分析等。

图 5-36 某区域停车场的分布情况

图 5-37 某班车公司发车路线

5.2.4 关联分析

除了比较、构成和分布，数据之间还存在纷繁复杂的关系可以分析。技术的革新为大数据下数据的关联关系探索提供了可能。有了关联分析，数据的展示变得更加立体，为从不同视角看待数据提供了方向。基础的关联分析还是由基于分类的分析演变而来，不同于比较、构成和分布分析，更关注各维度之间的关系。图 5-38 列示了基础的关联分析。

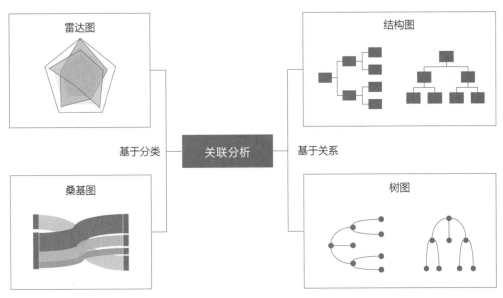

图 5-38　关联分析

1. 基于分类

在分析人员能力、信用评级等场景中，我们往往需要将各类型的能力、等级放在一起对比分析。除了比较，更重要的是将各项指标联合起来进行综合评价。如图 5-39 所示，我们将产品运营人员应具备的 31 项能力分为 5 个等级。雷达图的不同圈层代表不同的能力等级，越靠外围的圈层代表能力等级要求越高。图 5-39 将高级运营、中级运营、普通运营 3 类人员以不同的颜色标出，通过线条的分布直观地展示对各类人员综合能力水平的要求程度。

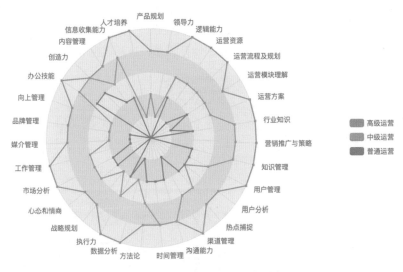

图 5-39　产品运营人员能力要求

对于探寻多维度数据之间的关系，桑基图是一个很好的选择。图 5-40 通过桑基图展示了某企业员工差旅出发地、航空公司及到达地之间的关系，线条的粗细代表出差的频次。可以看出，北京、珠海和武汉是该员工出差到达频次最高的 3 个地点，乘坐飞机时选择南方航空的频次最高。

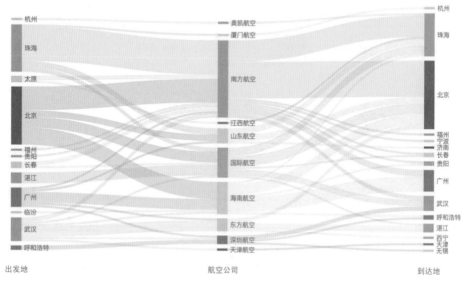

图 5-40　某企业员工航空出行情况分析

2. 基于关系

分析往往离不开指标，而在专业的分析领域，指标与指标之间有着千丝万缕的联系，尤其是在企业经营分析领域。标准化的分析模型由结构化的指标构成。通过结构图将各指标间关系列示出来，更有助于分解指标，分析各项指标的影响因素。图 5-41 以杜邦分析模型为例，将各指标以结构图的方式展开，并标明各指标间的计算关系，这样数据和指标间的关系一目了然。

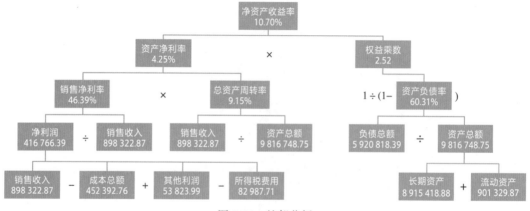

图 5-41　杜邦分析

当不确定因素多，且它们之间存在层级关系、涉及内容比较多时，我们可以考虑使用树图。如图 5-42 所示，我们在一次数据分析大赛中为了分析各类图表的使用热度，把所有类型的图表及其使用频率在一张图上表示了出来。由于图表类型很多，普通的图形展示很难避免显示不全，树图就很好地解决了此问题。

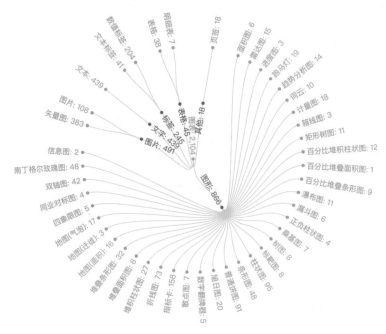

图 5-42　图表使用热度

5.3　"好图表"和"坏图表"

以上，我们通过图表的基础理论认识了图表基本使用规则。在实际数据分析时，如何做出真正好的图表，将在接下来章节通过好图表和坏图表的对比进行阐述。

我们把好图表的特征总结为"三好"，分别为"好看""好懂""好用"。

5.3.1　好看

图表的"颜值"要高，才能给读者想看的理由。人的颜值高，一方面是身材好、五官正；另一方面靠化妆、衣着打扮。类比来看，对丁图表，一方面是结构好，即需要选择合适的图表展示；另一方面就是颜色的搭配。

1. 选择最佳拍档图形

5.2 节介绍了可视化图表的基础理论，它为我们选择图表指明了方向。但是，如果只是纯粹呆板地套用理论体系规则，那你还停留在可视化分析的初级阶段。

在分析实践过程中，每一个场景都有独特性，只有针对其特点选择真正合适的图形进行展示，才能达到好的效果，甚至针对同一个场景，需要进一步根据数据特征选择更合适的图形。这也是我们一再强调的探索分析的重要性。目前，各类商业智能分析工具大大降低了在图表选择时的试错成本，方便我们切换、选择"最佳拍档"。

如图 5-43 所示，在分析某家庭的日消费账单情况时，我们通常会使用图 5-43a 所示折线图的方式分析趋势变化。但对于分析日消费账单的分布时，我们会特别关注用户哪些日期没有消费，哪些日期消费水平比较高。虽然折线图可以展示，但由于一年 365 天需要在一个横轴上展示，折线图并不利于快速看出具体某个日期的消费情况。利用图 5-43b 的日历热力图，则可以达到完全不同的效果。通过色块的区分，我们可以快速了解无消费的日期；通过颜色的深浅，我们可以了解消费的分布。可以看出，周末的消费水平相对工作日较大，五月、八月、十一月分别有一个周末消费非常高，应该是有周末集中逛街、购物。另外，"五月""十一月"的消费相对较高。

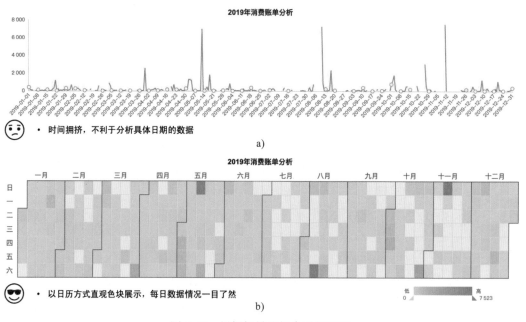

图 5-43 根据场景选择合适的图形

到底什么是"最佳拍档"图形，其实与分析的数据内容存在关系，如分析场景为一年365 天的数据，日历热力图就比折线图合适。但是，如果我们的重点是某一周的数据分析，日历热力图和折线图就不合适了。所以，根据不同的场景、不同的数据范围，以及想表达的不同观点，"最佳拍档"图形都有可能不同。没有最好，只有最合适。

2. 合理配色

颜色搭配的注意事项主要包括两点：一是色彩本身的语义，二是色彩搭配的协调。

　　首先是色彩本身的语义。不同的色彩会带给人们不同的心理感受，会唤起人们不一样的联想，从而影响情绪。营销界有一个著名的"7 秒钟定律"。如图 5-44 所示，准备 3 个杯子，颜色分别是红、黄、绿，倒入相同的咖啡。众多品尝者一致认为绿色杯子的咖啡偏酸，黄色杯子的偏淡，而红色杯子的味道正好。可见，色彩对于人们的情感判断有着很强的引导作用。

图 5-44　7 秒钟定律

　　色彩如果在数据分析中得到很好的应用，能促进人们对数据和场景的理解。不同的颜色代表不同的情绪，在数据分析中也有着不一样的用法。表 5-1 列示了基础色彩的抽象联想及使用。

表 5-1　色彩抽象联想及使用

色　彩		抽象联想	数据分析中的使用
红		兴奋、热烈、激情、喜庆、高贵、紧张、奋进	不可行、严重、危险、失败
橙		愉快、激情、活跃、热情、精神、活泼、甜美	警告、注意
黄		光明、希望、愉悦、阳光、明朗、动感、欢快	警告、注意
绿		舒适、和平、新鲜、青春、希望、安宁、温和	可行、安全、成功
蓝		清爽、开朗、理智、沉静、深远、伤感、寂静	商务感、科技感
紫		高贵、神秘、豪华、思念、悲哀、温柔、女性	科技感（通常与蓝色搭配）
白		洁净、明朗、清晰、透明、纯真、虚无、简洁	深底标题、文字
灰		沉着、平易、暧昧、内向、消极、失望、抑郁	无效、不关注
黑		深沉、庄重、成熟、稳定、坚定、压抑、悲伤	浅底标题、文字

　　在数据分析中，颜色的具体使用分以下几种情况。

（1）特殊含义颜色表示

　　在图表分析过程中，我们需要突出显示数据以引起重点关注。类似"红黄绿灯"的使用习惯，数据分析中通常也使用红黄绿三色系进行标识。比如，红色代表激情、兴奋，同时代表紧张和危险。在数据分析中，我们更多使用其危险、警示的功能，如不可行、严重、危险、失败、重点突出事项。与红色临近的暖色系橙色、黄色也有警告和注意的意思。在实际使用中，我们还会通过颜色的渐变来代表不同等级的警示，如颜色越深代表警示程度越高。绿色系则通常用来表示可行、安全、成功。

如图 5-45 所示，在分析某企业在全国各区域的利润完成情况时，对利润完成情况进行颜色标识。对于目标执行情况分析的场景，首先需要关注未达成的区域。红色最醒目，是第一眼看上去就会被吸引的颜色。对比左右两个图表，可以明显看出，图 5-45b 的颜色标识更符合人们的常规认知。红色代表完成率不到 50% 的区域，需要重点关注；橙色代表完成率超过 50% 但未达成目标的区域，也需要关注；绿色代表完成率超过 100% 的区域，颜色越深代表完成率越高。

各区域利润目标执行情况

区域	利润目标	利润额	完成率
华东	2 226 743.41	2 754 491.59	123.70% ●
华南	2 241 872.64	2 455 123.58	109.51% ●
华中	1 029 483.87	1 006 113.72	97.73% ▲
东北	705 526.99	643 816.19	91.25% ▲
华北	2 436 229.28	2 050 737.57	84.18% ▲
西北	676 730.11	453 846.32	67.06% ▲
西南	1 088 893.78	533 336.27	48.98% ▲

各区域利润目标执行情况

区域	利润目标	利润额	完成率
华东	2 226 743.41	2 754 491.59	123.70% ●
华南	2 241 872.64	2 455 123.58	109.51% ●
华中	1 029 483.87	1 006 113.72	97.73% ▲
东北	705 526.99	643 816.19	91.25% ▲
华北	2 436 229.28	2 050 737.57	84.18% ▲
西北	676 730.11	453 846.32	67.06% ▲
西南	1 088 893.78	533 336.27	48.98% ▲

☹ • 色彩杂乱，不能很好辨识数据的含义

a)

😎 • 使用红色、黄色、绿色，分层级表示需要关注的重要程度

b)

图 5-45　正确使用颜色的含义

（2）图表展示颜色的搭配

一般情况下，图表的颜色使用并没有特别的要求，但一般遵循两个原则：第一个原则是风格统一，切记不可杂乱无章，一般情况下可考虑使用同一色系，如体现商务性一般以蓝色系为主，体现科技感一般用蓝色和紫色搭配；第二个原则是颜色风格统一并不代表一定要使用非常近的颜色，所以这里就要把握好颜色的"度"。

图 5-46 列示了 3 种各门店的利润完成情况的颜色搭配。图 5-46a 的颜色显得杂乱且没有明确含义区分，并不是好的展示方式；图 5-46b 使用统一色系且渐变展示；图 5-46c 使用从红色到绿色逐层降低警示程度的方式展示，这些都是可以选择的方案。我们可以根据整体场景的展示需求（如整体配色风格）进行选择。

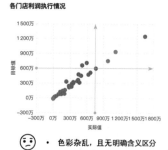

☹ • 色彩杂乱，且无明确含义区分

a)

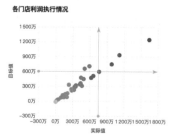

😎 • 统一色系，渐变展示数据变化

b)

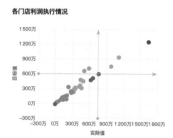

😎 • 通过颜色情感传达对数据的认知

c)

图 5-46　正确进行颜色搭配

（3）图表描述信息时颜色的选择

通常情况下，我们很少将黑、白、灰用在图表颜色展示上。黑色、白色更多用来进行文字描述，深色底色的场景使用白色、浅色底色的场景使用黑色，以确保文字表达明显、清晰。灰色则常用来表示数据不受关注，如无效数据，或交互过程中暂时不关注的数据。当然，如果是黑白印刷，我们另当别论。

对比图 5-47a 黑、白、灰色系的图表展示，图 5-47b 彩色的展示方式更鲜明。

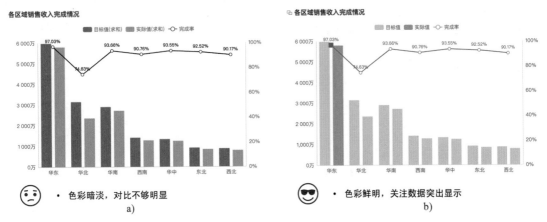

图 5-47　正确进行颜色搭配

除了色号的选择，颜色搭配还需要注意合理使用色相、明暗、纯度、对比、面积、透明度等色彩属性特征，使用恰当可以得到意想不到的炫酷效果。

5.3.2　好懂

图表"颜值"很重要，但如果只有"颜值"，那就是"图"而非"图表"了。图表需要清晰明了地表达出数据的含义，要让读者迅速接收其所想表达的观点，这就是"好懂"，也就是"让数据会说话"。要做到图表"好懂"，首先要清晰明了，其次需要正确应用标识信息，最后为了更进一步加深理解，可以适当应用一些引导信息作为辅助说明。

1. 清晰明了

图表要被人读懂，必须清晰表达数据的含义。图 5-48 展示了以融资机构、融资方式两个维度分析近 5 年的累计利息。以融资机构为主要维度进行分析，图 5-48a 将融资方式和年度进行组合，使用 5 种颜色表示各年利息，但因混合在一起较难区分各融资方式的利息差异。图 5-48b 则在横轴上将融资机构和融资方式进行维度组合区分，每个柱子上用逐渐加重的 5 种颜色分别代表 2015～2019 各年的利息，各融资机构各融资方式的利息总额一目了然。同时，每年的数据在明细分类中的占比也清晰可见。

各融资机构各融资方式累计利息

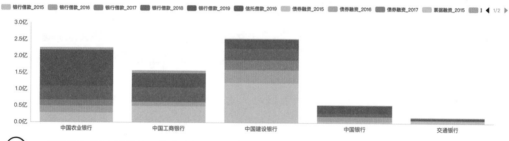

• 将融资方式和时间组合一起堆叠展示，不容易区分

a)

各融资机构各融资方式累计利息

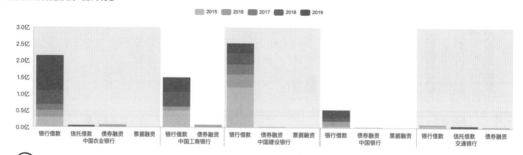

• 将融资机构和融资方式组合在一起在横轴上展示，按时间维度进行堆叠展示，清晰明了

b)

图 5-48　清晰明了表达数据含义

2. 正确应用标识

准确表达图表的含义需要合理应用标识。在图表中，标识主要包括颜色和数值。

对于颜色的标识，最常使用的是图例，但图例并非一定是最佳的。图 5-49 使用南丁格尔玫瑰图展示某企业在各机构中的融资分布情况。图 5-49a 使用图例展示，在对比分析每一个色块时，视线需要在扇形和图例之间来回移动。图 5-49b 则直接在扇形色块上标识，顺着扇形延伸方向，直接就能看出融资占比最大的是建设银行。

为了能知晓各维度的具体值，我们通常会选择适当的方式展示具体的数值。但是，由于展示空间有限，且需要保持图表的美观度，并不适合将所有的数据都显示在图表上。同样如图 5-49 所示，图 5-49a 标识了各区块的占比，图 5-49b 则展示了实际的融资余额。相较而言，从图表中扇形面积和半径，已经可以对比出各融资机构的融资占比情况。图 5-49b 在有效的空间提供的信息量更大。

3. 适当应用引导信息

除了清晰明了地表达图表的含义并合理应用标识，为了加深对图表所表达的含义的说明，加入适当的引导信息更有助于理解。

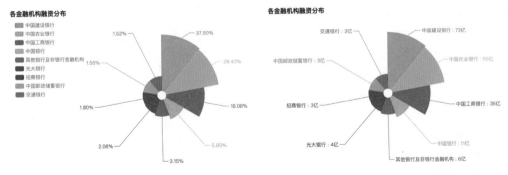

图 5-49 正确应用标识

图 5-50 展示了某次大赛期间系统访问量趋势的分析。在大赛作品提交的当天，访问量激增。为清晰表达此数据，图 5-50b 加入标签，提高了数据的可读性。

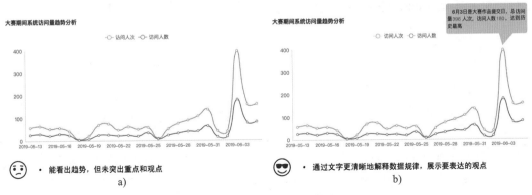

图 5-50 适当应用引导信息

5.3.3 好用

图表"好懂"，清晰表达出其含义，则达到了图表分析的第一个层级。但这并非最终目标，分析的最终目标是将"数据"转化为"智慧"，即通过图表得出结论，为决策服务，这就是"好用"。真正有意义的图表需要观点明确，提供足够的信息量，同时还需要注意细节，比如合理运用数据标准等。

1. 观点明确

借助图表来表达观点，就需要将表达的观点突出显示出来。图 5-51 展示了各省 GDP 和用电量之间的关系，发现 GDP 高的省份用电量也相对偏高。图 5-51a 通过两个条形图分别展示了各省 GDP 累计值和全社会用电量的排名情况。对比观察可以发现，GDP 排名靠前的省份用电量排名也较靠前，但需要人为核对才能查找规律。图 5-51b 则将省份作为一个维度，用不同颜色的线条来表示 GDP 和用电量，很直观地展示出两者之间存在一定的相关性。

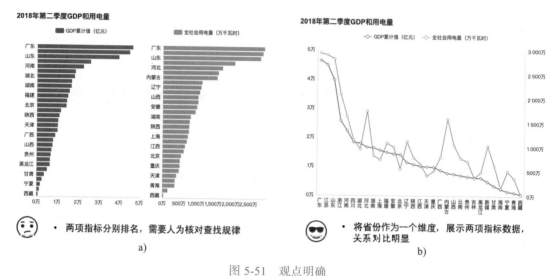

图 5-51 观点明确

2. 提供足够的信息量

图表的魅力在于用直观、简单的方式展示数据信息。保持图表信息精练的同时，尽可能表达信息，才是高级的图表。

为探寻 2020 年新冠肺炎疫情对经济的影响，我们在项目建设时帮助客户探究了全社会复工复产的趋势分析。由于数据安全性问题，这里将数据范围缩小为疫情对某家庭消费情况，分析方式异曲同工。

以常规手段，我们可能会画出图 5-52a 来分析整个时间段内的消费趋势。观察发现，这种方式很难展示出数据的规律。图 5-52b 则将 2020 年、2019 年分为两个轴展示。同时，考虑到春节的影响，以除夕为标准将农历日期对齐，即 2020 年 1 月 24 日（除夕）与 2019 年 2 月 4 日（除夕）对齐，其余日期按顺序排列，以便更准确地对比数据规律。从图中可以看出，蓝色线条表示的 2019 年消费在春节过后立即出现了增长，但橙色线条表示的 2020 年消费在春节后持续低迷，直到农历二月初才有稍高一点的消费出现。可以看出，疫情对家庭消费的影响还是非常显著的。

3. 合理运用数据标准

图表展示中，大概 80% 的场景会使用到坐标轴。折线、柱图、双轴图的使用频率非常高。那么，使用带有坐标轴的图表时我们应该注意些什么呢？

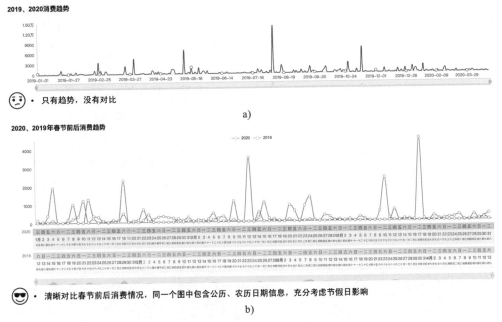

a)

b)

图 5-52　提供足够的信息量

　　根据场景的不同适当调整坐标轴范围，能够快速改变图表展示效果。图 5-53 展示了
2008～2017 年居民消费水平指数的变化趋势，图 5-53a 中纵轴数值从 0 开始，很难区分农
村、城镇和居民总体消费水平指数的分布。图 5-53b 将纵坐标值从 102 开始，有足够的空
间来展示居民总体消费水平指数的数值，能更直观地反映数据间差异情况。

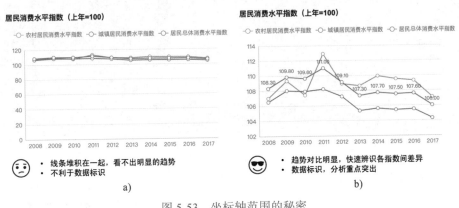

a)　　　　　　　　　　　　　　　　b)

图 5-53　坐标轴范围的秘密

5.4 "好报告"和"坏报告"

　　这里的"报告"是广义上的报告，意指按照具体场景展示分析成果，也就是将可视化

的图表进行拼装组合、加入文字，展示图文并茂的效果。可视化分析有很多种展现形式，其载体也多种多样。在展现形式方面，其可以是一个设计完成的交互页面，也可以是类似 Word 的流式布局模式报告，还可以是类似 PPT 的分页式报告。在载体方面，其可以在 PC 端、在大屏上，还可以在 Pad、手机端。

下面我们来看一个案例。在一次汇报演示中，客户提出要分析发电企业的日利润情况。需要展示的分析内容包括日利润趋势，日利润预算数、实际数，月度利润预算数、实际数，以及针对各单位、区域的对比分析。图 5-54 是设计的初版展示效果。乍一看，深色底色配上彩色的图表，中间还有酷酷的炫彩元素，这是不是就是优秀的可视化展示呢？细看就会发现很多问题：各类指标数据杂乱无章地摆放在一起，业务逻辑不清晰，看不出想重点突出的内容，也不知从何看起；中间用了看起来好看的元素，但其中放置的指标并非最重要的指标，并且从图中根本无法一眼看出 86.99% 代表的是何含义；色彩使用过多，颜色搭配不统一、不协调，观察时容易失焦。

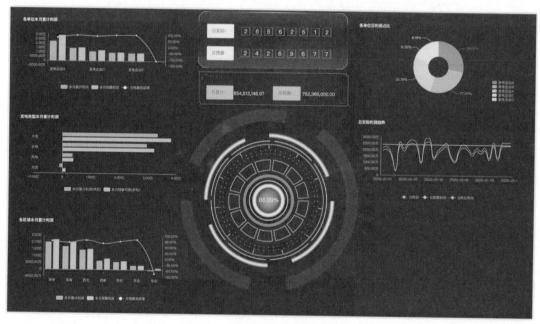

图 5-54　日利润驾驶舱（调整前）

调整后设计如图 5-55 所示。

首先，确认各指标适合的图形展示类型。比如，日利润趋势适合使用折线图展示，预算执行情况适合使用标靶图，各口径分析可以考虑柱状图、极坐标图、雷达图等。

其次，确定页面布局。在页面上方加上报告标题和报告日期，明确主题；将需要分析的指标分为五大区域：各地区日利润分布（正中）、利润预算执行情况（上方）、日利润各口径分析（左侧）、月度累计利润各口径分析（右侧）、日利润趋势分析（下方）。之所以这么划分有两点考虑：一是业务场景的特性，这样划分可以有清晰的分析展示逻辑；二是各图形的分布和摆放，比如趋势分析因为是按日分析，涉及日期多，适合放置在长度较长的区域等。

再次，确认整体配色，采用蓝绿色为主的科技感较强的展示方式，重点指标使用较明亮的黄色展示。

最后，将各图形摆放好进行细节设计和调整，如图例、图表大小、外置边框、字体、字号等。

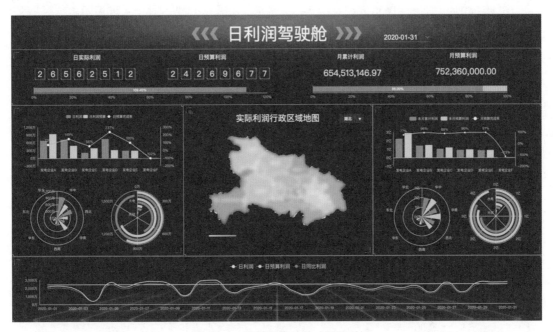

图 5-55　日利润驾驶舱（调整后）

为什么需要这么调整？报告是用来给人读的，之所以不使用纯文字而使用大量的可视化图表来替代，就是为了让读者更快速、更准确、更容易地理解报告所要展示的数据信息和所要表达的观点。要想在内容的表达上做到思路清晰，我们需要遵循 3 个基本原则：布局合理、色彩统一、字体协调。

5.4.1　布局合理

前文我们介绍好图表时提到了"颜值"，对于好报告来说，"颜值"同样重要。报告的"颜值"，最重要的就是布局。报告的布局包括整体布局和内容布局。

1. 整体布局

前文我们提到报告有多种载体、多种展现方式。从报告整体思路来讲，我们将其划分为3种类型：展示型报告、汇报型报告、阅读型报告。

（1）展示型报告

展示型报告是指以界面展示效果为主的报告。这类报告通常以图形为主，文字基本是辅助说明，多会涉及系统交互，如筛选切换、图表穿透、图表联动、页面跳转等。展示型报告可分为两种展示方式：一种为大屏展示，一种为PC端展示。两种展示方式有通用性，但大屏一般更强调展示效果，更要"面子"；PC端对"面子"要求没有大屏那么高，更重视业务的关联性。无论是哪种展示方式，都要求以清晰的逻辑摆放图表。

图5-56a所示为大屏展示效果，图5-56b为PC端展示效果。对于大屏展示方式，我们需要确认实际大屏结构，如是否存在分屏、屏的形状是平面还是曲面、各屏之间是否存在间隔、屏幕的分辨率是多少。大屏结构确认后，我们就需要根据业务场景确认其具体展示方式，通常可以以"总—分"形式、"总—分—总"形式，或均分形式展示各主题信息。大屏以直接展示形式为主，对于展厅或企业专业应用场景也有配合Pad或PC端操作进行讲解，后者就可以设计更多的交互模式。对于PC端模式，大多数场景更侧重于交互，通常需要我们根据业务进行规划设计，分模块、分板块、分层级展示，通常以导航菜单模式引导使用者进行相关操作。

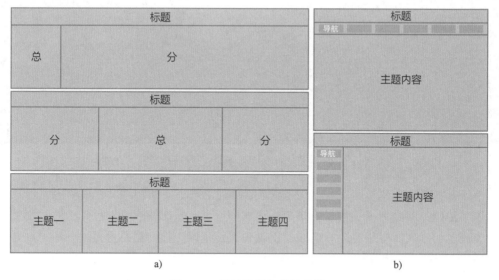

图 5-56　展示型报告总体思路

（2）汇报型报告

顾名思义，汇报型报告是以汇报为目标的报告，通常以类似PPT的形式展示。这类报告通常每页一个主题，思路划分较为清晰。其整体思路以"总—分""总—分—总"方式为主，对各主题的层级关系通常并不强调，更注重每一页每个主题的展示。通常，汇报型报告会搭配讲解。

如图 5-57 所示，汇报型报告通常每个页面的分辨率相同，阅读方式是按顺序阅读。

图 5-57　汇报型报告总体思路

（3）阅读型报告

阅读型报告以阅读为目的，通常不会搭配讲解，也没有复杂的页面交互。这类报告适合用于信息发布和传播，如在手机端迅速转发，在系统内分发。阅读型报告的思路与写文章思路类似，一般以"总—分""总—分—总"方式为主。

如图 5-58 所示，相较展示型和汇报型报告，阅读型报告的文字篇幅会更长，文字中可以嵌入汇总数据信息，配合图表进行更清晰的观点表达。阅读型报告通常也是按顺序阅读为主，宽度固定、长度无限延展。其可以有层级地表达观点，支持使用者根据报告大纲进行相应的主题切换。

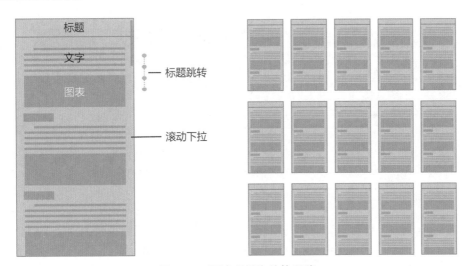

图 5-58　阅读型报告总体思路

2. 内容布局

在遵循报告整体布局的前提下，要想保证信息被很好地接收，我们还要在内容布局上下功夫。

2006 年 4 月，美国著名网站设计师杰柯柏·尼尔森（Jakob Nielsen）经过对网站可用性的长期研究，发表了一项《眼球轨迹的研究》报告。如图 5-59 所示，报告指出，大多数情况下浏览者都不由自主地以 F 形阅读网页，这种阅读习惯决定了网页内容关注热度呈现 F 形。

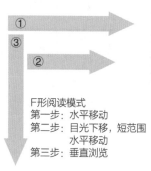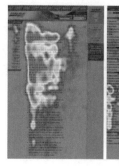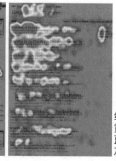

图 5-59　F 形阅读模式

对于可视化分析展示场景的阅读模式，我们可以在 F 形阅读模式上进一步扩展。由于可视化分析的高视觉冲击性，我们可以将阅读模式分为两种：扫视阅读模式和沉浸阅读模式。如图 5-60 所示，前者关注整体，视线范围从左上至右下迅速扫过，后者遵循 F 形阅读模式。可见，在可视化分析展示设计时，我们需要遵循阅读习惯进行具体内容的摆放。

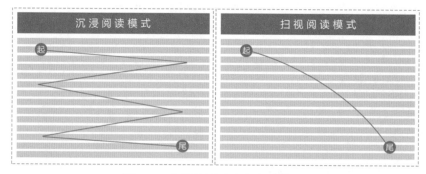

图 5-60　沉浸阅读和扫视阅读模式

如图 5-61 所示，对于根据业务场景选取的各类图表，我们应该按照业务逻辑进行规则性的摆放，将重点内容摆放在扫视阅读视线范围内，以便引起关注。类似 5.4 节一开始我们举的例子，确认需要分析的指标放在 5 大区域之后，将最重要指标即各省日利润情况放在正中间，使其进入扫视阅读范围；接下来按照常规阅读，遵循阅读者 F 形阅读习惯，先对比日利润、月累计利润的预算执行情况，然后分别了解日利润、月累计利润的各口径分析详情，最后查看日利润趋势变化；常规阅读后，进入深度阅读，阅读内容完全由读者的喜好和关注点决定，但内容布局时可以遵循一定的对称性、对比度，比如左半部分为日利润情况，右半部分为月累计利润情况。

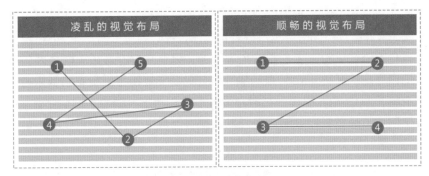

图 5-61　视觉布局

5.4.2　色彩统一

单一图表的配色强调色彩分明、适配情感表达。对于整个报告来说，色彩方面强调的是统一性。一份报告不适合使用过多的配色方案，否则色彩杂乱。

通常，一个报告中使用的颜色最大不超过 5 种，尽量不超过 3 种，可以较多地使用同一色系的渐变色。如图 5-55 所示，图表以蓝绿色调为主并保证同一图形配色一致，文字白色为主，重点强调数据使用黄色显著标识。

5.4.3　字体、字号协调

数据分析相对较为正式，不适合用卡通类字体，建议选择较为庄重的字体。

一般情况，主标题字号最大、图表标题其次、图例及相关数值标识再次，一般分到三到四个层级。同一个场景里的字体、字号需要遵循同一套标准。

如图 5-55 所示，标题使用最大字号，需要突出显示的数据其次，图表标题字号再次，剩下的标识信息如坐标轴文字、图例等使用同一字号。具体的字号需要我们根据屏幕分辨率调整。

5.5　可视化案例

上文介绍了可视化图表的使用方法和相关技巧。接下来，我们通过实际的例子来感受一下数据可视化在我们生活中无处不在。

其实在日常生活中，一直有着数据可视化的身影。可视化已逐步深入各种智能化应用场景。

我一直对央视主持人大赛上一个参赛选手讲的故事印象深刻。故事大概是一个唱歌难听的同学引起了他的注意，后来得知他唱歌难听是因为听觉障碍，于是想帮帮他。经过研究发现，在同一个平面上的颗粒因扬声器的振动而组成的图案不同，这样可以把声音可视化，形成不同的声音指纹，同时听觉障碍者可以通过视觉校正音调，如图 5-62a 所示。

声音可视化对于音乐初学者也会有很大帮助。以前只有有音乐天赋或者经过训练的人可以很好地把握音准。起初，KTV 里的唱歌评分的功能吸引了大批草根音乐爱好者。现在类似唱吧、全民 K 歌的 App 涌现，它们自带音准校核功能。如图 5-62b 所示，普通人在家中就可以自学唱歌，通过对比录制声音与歌曲原有音准，直观认识自己的不足，在不断练习中逐步培养乐感和节奏感。

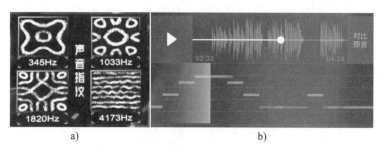

图 5-62　声音指纹及音准和节奏校验

随着智能化设备的不断涌现，数据可视化也在智能设备的上有应用。

大型场馆为了获取人流量信息，分析场管内各主题访问热度，会配备地面感应器来记录相关数据。图 5-63 通过热力地图的方式展示，红色越深代表场馆主题访问热度越高。管理人员可以根据一段时间的场馆主题热度情况及时调整展示内容，以满足大众需要。

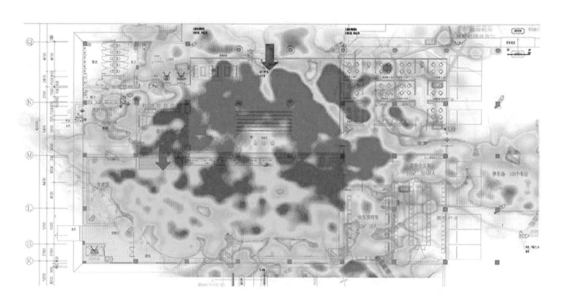

图 5-63　场馆内主题访问热度

　　图 5-64 为某风电厂运行实时监控大屏，在地图上将风机立体化展示，同时在各风机上展示其当前运行情况，并对异常情况进行警示。如果某个风机发生故障，可通过图 5-65 的风机故障预测性维护页面查看设备具体情况及周边检修人员信息，通过预测性诊断模型提供的信息快速定位问题。

图 5-64　风电厂运行实时监控大屏

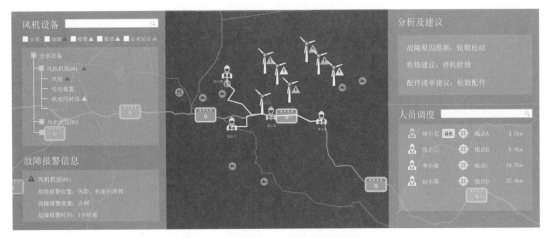

图 5-65　风机故障预测性维护页面

　　智能化的应用为生活带来更多的可能性。随着 5G 技术的应用，无人驾驶逐步变为现实。如图 5-66 所示，无人驾驶汽车通过高清地图数据与车辆传感器（包括摄像头、雷达和超声波雷达等）信息来规划行径路线。搭乘无人驾驶车辆的人也可以通过可视化的界面实时了解路况。

　　在数据分析中，可视化能让整个数据分析事半功倍，极大地提高从"数据"到"智慧"升级的效率。

图 5-66　无人驾驶

5.6　本章小结

数据可视化分析是数据最终呈现出来的直观展示。"颜值"重要,"表里如一"更重要,所以需要将数据资产管理、数据统计与挖掘以及数据可视化有序结合起来。综合三大能力,以最高效的方式为分析者服务,这就是智能数据分析平台的作用所在。接下来的 3 个章将分别对数据分析平台的构建方法、分析平台应具备的要素以及企业实战进行阐述。

第三部分 *Part 3*

平 台 实 战

企业级智能数据分析平台搭建

之前的章节体系化地介绍了数据分析的理论及应用案例。在企业级管理应用中，如何构建智能数据分析平台呢？本章将进行详细阐述。

虽然每个企业所处的阶段不尽相同，但企业级智能数据分析平台的构建是有方法和经验可以借鉴的。分析平台的搭建最重要的两个元素：一个是"人"，另一个是"技术"。"管好人"可通过构建数据分析生态系统来实现；"用好技术"才能真正着手搭建数据分析平台。本章从核心架构和具备的能力方面，围绕"人"和"技术"两个主题来探讨搭建企业级智能数据分析平台的方法。

6.1 构建数据分析"生态系统"

何谓数据分析"生态系统"？"生态"的本意是指生物在一定的自然环境下生存和发展的状态。这里借用"生态"一词，意在强调通过数据与现实世界的有机融合、互动以及协调，构建数据感知、管理、分析与应用服务为一体的新一代信息技术架构，以形成良性增益的闭环生态系统。其核心是和谐，达到共赢的目标，并持续良性循环。

企业级智能数据分析平台建立在良好的数据分析生态体系（以下简称"数据生态"）基础之上，可以帮助企业避开很多荆棘和挑战。这就好比一个企业中，思维一致、行动一致的团队可以帮助企业事半功倍地达到管理目标。

6.1.1 数据生态的范畴

良好的数据生态系统需要有组织体系的保障，并需要营造良好的数据文化氛围。首先，来看一下数据生态的范畴。

1. 聚焦 OLAP 方向

说起数据生态，不得不重新提到 OLTP（联机事务处理）和 OLAP（联机分析处理）的概念。第 3 章在阐述数据资产管理时，提出了 OLTP 和 OLAP 两种模式。OLTP 是传统的关系型数据库的主要应用模式，主要是对基本的、日常的事务进行处理，例如日常单据填写、财务记账。而 OLAP 概念最早是由关系型数据库之父埃德加·弗兰克·科德（Edgar Frank Codd）于 1993 年提出的。它是数据仓库系统的主要应用模式，支持复杂的分析操作，侧重决策支持，并且提供直观易懂的查询结果。表 6-1 列示了 OLTP 与 OLAP 之间的比较。

表 6-1　OLTP 与 OLAP 对比

比较项	OLTP	OLAP
用户	操作人员（低层管理人员）	决策人员（高级管理人员）
功能	日常操作处理	分析决策
数据库设计	面向应用	面向主题
数据结构	当前的、最新的、细节的、二维的、分立的	历史的、聚集的、多维的、集成的、统一的
存取	读 / 写数十条记录	读上百万条记录
工作单位	简单的事务	复杂的查询
用户数	上千个	上百万个
数据大小	MB 级到 GB 级	GB 级到 TB 级
时间要求	具有实时性	对时间的要求不严格
主要应用	数据库	数据仓库

2014 年 7 月，Gartner 正式提出双模 IT 的概念，即稳态的模式一和敏态的模式二，分别对应 OLTP 和 OLAP 两种模式。

Gartner 的一份报告中将双模 IT 中的模式一比喻为武士，将模式二比喻为忍者，非常形象地阐释了两者之间的区别与联系，如图 6-1 所示。武士可以打仗，并且由于具备武士精神，他们往往会一直约束日常行为。而忍者不受武士精神束缚，灵活多变，这样才能成功盗取情报，执行任务。

一个企业要想在竞争中赢得最终胜利，其实无论"武士"还是"忍者"都是必备的，二者缺一不可。一方面，企业需要传统 IT 模式来满足传统业务对于稳定、安全等的需求，是组织生存的关键；另一方面，企业需要移动互联网、大数据等应用快速响应，追求将商业理念转化为应用来最大化价值。双模 IT 已成为企业 IT 建设的主流模式，即通过企业核心运营系统与数字化生态系统的深度融合，实现业务模式创新和数字化转型。

本书所描述的数据生态，指的就是 OLAP 模式的数字化生态系统。

2. 明确数据生态的参与者

之所以说数据分析是生态系统，是因为其单凭一个部门、组织是不可能完成的，一定是一个共建共享的模式。

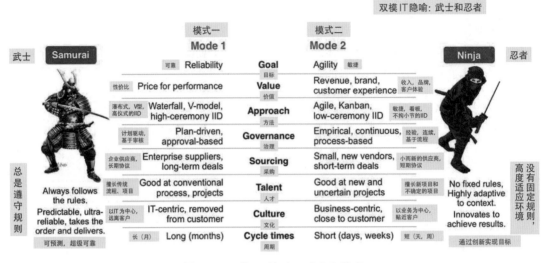

图 6-1 双模 IT 隐喻：武士和隐者

《商务智能：数据分析的管理视角》一书中提出 Analytics Ecosystem 概念，指出数据分析生态系统应包含 11 种不同类型的参与者。书中将数据分析生态系统比作一朵鲜活的花朵，赋予其生命。在这个花朵中，11 种不同类型的参与者在数据分析生态系统中被分为 3 类，分别由外瓣、内瓣和花的种子（中间部分）表示，如图 6-2 所示。

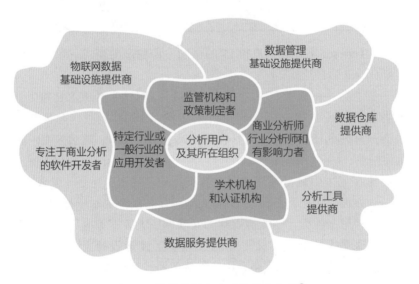

图 6-2 数据分析生态系统的参与者[⊖]

图 6-2 中，外部的 6 个花瓣被称为技术提供者。他们的主要收入来自为分析用户及其

⊖ 资料来源：沙尔达，德伦，特班.商务智能：数据分析的管理视角 [M].英文版.北京：机械工业出版社,2018.

所在组织提供技术、解决方案和培训，以便他们能够以最有效和最高效的方式使用这些技术。内部的花瓣通常可以比作分析加速器。这些分析加速器与技术供应商和用户都有合作，是花芯与外层花瓣的纽带。例如，大型企业聘用专业咨询机构进行分析平台和分析场景的设计，最终由分析工具提供商、数据服务提供商落地，咨询机构便起到分析加速器的作用。最后是生态系统的核心，即最终的分析用户及其所在组织。这是数据生态最重要的组成部分。每一个分析产业集群都是由用户和组织驱动的。

让数据分析生态系统之花绽放，就需要构建有效的组织体系，让花瓣们井然有序地生长，这需要有良好的数据文化氛围，好比用足够的水分和养分来滋养花朵。

6.1.2　构建有效的组织体系

正所谓"名不正，则言不顺；言不顺，则事不成"。都说生活需要仪式感，对于构建企业级智能数据分析平台来说，仪式感显得更为重要。首先要在企业内部树立数据分析意识，通过组织体系的保障，自上而下地进行数据思维的宣贯、传导，以调动整个企业各级人员的积极性，真正实现数据分析平台共建共享。

1. 管理层负责制

对于天然拥有着辅助决策属性的数据分析平台来说，其构建目标必须以管理思路和思维为主，那么势必涉及企业管理的方方面面，重要性和复杂程度不言而喻。没有高层领导的推动，其很难得以落实。

数据分析的重要性不言而喻。其短期的缺失看起来并不会影响企业的正常运行，但会给企业带来诸多潜在的风险。比如，我们常常会看到这样的场景，一名销售人员自发地想总结一下近期的销售情况，试图从中探寻规律，以便指导今后的销售。但是，实践过程中他遇到各种各样的问题，比如：数据需要从多方获取，较难协调；历史数据缺乏管理，质量堪忧，需要花费大量时间清洗；日常事务缠身等。于是，他不得不暂时搁置。本职工作仍可继续，但对于工作效率的提升并无改善。从长期发展来看，这不是一个好的选择。对此类积极向上的员工尚且如此，更何况那些以"仅完成交代任务"为目标的"螺丝钉"们，他们更是毫无动力在数据分析方面做提升。长此以往，企业很容易停滞不前，在激涌的洪流中难以站稳脚跟。

日常的数据分析工作的推动已如此艰难，对于一个企业级智能数据分析平台的搭建来说，更加需要整体的设计、全员的重视及各部门的通力协作，如果没有管理层的推进，是非常难以落实的。

《哈佛商业评论》于 2015 年 4 月刊的《蒙牛：利用数据构造企业平台》一文中指出：商务智能需要使用者去设计它，告诉它你想要什么数据，这就要求高管再也不能等着做好的报表放在眼前；报表好不好用，能不能反映需求，全凭高管自己的设计与选择；从哪个维度看报表，不仅考验管理者对业务的了解深度，也考验他们对未来的预测和视野广度；

改变思维模式，改变做决策的方式，这才是管理效率提升的途径。

随着大数据分析浪潮的推进，各大企业纷纷涌入数据分析平台建设中，各种大屏展示、领导驾驶舱纷至沓来。但由于管理层参与度不高，缺乏体系化设计，最终不具备推广性和延续性，甚至搁浅的分析项目不胜枚举。随着近些年来数字化转型越来越被世界所认可，企业管理层也逐渐意识到数据的重要性，对数据分析平台构建的参与度也越来越高。我们越来越多地看到，企业高层管理人员，甚至是企业的一把手、二把手，直接参与或主导数据分析平台的搭建。

在各大型企业分析平台建设过程中，管理层开始强调分析场景的建设需要有"获得感"，仅仅停留在展示数据结果已经不能满足企业的需求。而以上种种都需要从管理思路和管理目标出发来实现。管理层的直接领导是确保方向无偏差、数据为企业带来最大价值的最有效方式。

管理层负责制可以带来的好处如下。

- ❑ 确保目标无偏差。在传导过程中丢失信息而造成最终目标偏差，是工作中经常遇到的问题。数据分析结果所表达的含义，以及企业管理要实现的最终目标，更是经常在层层传导过程中出现偏差。管理层直接负责可让平台建设过程中的沟通更扁平化、更直接，有利于最终目标的达成。
- ❑ 便于协调各部门更好地协作。分析平台的搭建、分析场景的建设，都不可避免地会涉及跨部门协调，管理层出面能推动整个过程加速进展，成倍提升处理效率。尤其是业务处理与数据分析天然存在着时间冲突，管理层出面更有利于实现 OLTP 与 OLAP 的融会贯通。
- ❑ 管理思维渗透性强。数据分析最终为管理目标实现而服务。管理层直接负责在各种场合都会将数据分析与管理目标切实结合，不断宣导、灌输，确保企业各层级人员目标一致。

2. 独立数据部门

尽管有管理层负责，但具体的工作还需要专门的部门去执行和落实，这就有了设立独立数据部门的需求。

说起独立数据部门的重要性，要先看看国内数字化运营领域领先的企业是如何推进的。

2013 年，阿里巴巴将 7 大事业群拆分为 25 个事业部，其中包括独立的数据平台事业部和数字业务事业部，如图 6-3 所示。可见，数据战略正式进入阿里巴巴的公司战略体系。

随着企业数字化转型的深入，传统大型企业开始陆续建立自己独立的数据组织。2019年 3 月 22 日，国家电网有限公司大数据中心成立，同年 5 月 21 日，举行揭牌仪式暨大数据发布会，同时启动中国电力大数据创新联盟筹备工作。该中心是国家电网有限公司数据管理的专业机构和数据共享平台、数据服务平台、数字创新平台，主要负责公司数据接入、汇聚、治理和分析应用等工作以及数据资产的统一管理，打通各专业壁垒，对内服务总部、基层、业务，助力公司提高数据资产利用效率和全要素生产率，对外服务政府、社会、客户，推进能源大数据生态体系构建。其组织架构如图 6-4 所示，其中业务部门设置了专门的数据管理部（发展策划部）及数据分析中心。

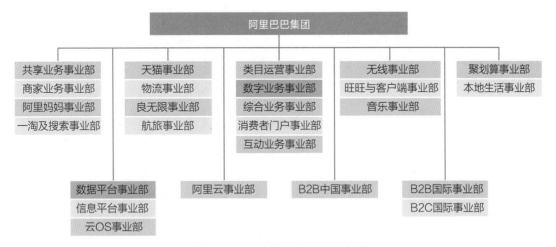

图 6-3　2013 年阿里巴巴组织架构

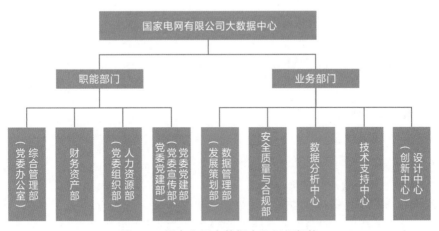

图 6-4　国家电网大数据中心组织架构

2019 年 7 月 22 日，南方电网数字电网研究院有限公司（简称"南网数研院"）在广州挂牌成立，成为全球首家数字电网研究院。南网数研院将加快推动智能电网、数字南网建设，为南方电网公司生产经营、管理和发展提供全方位的网络安全和数字化支撑与服务。如图 6-5 所示，中国南方电网有限责任公司组织架构中有数字化部，负责信息化项目的技术管控及验收，南方电网数字电网研究院有限公司承担了公司级数据分析平台规划与建设的责任。

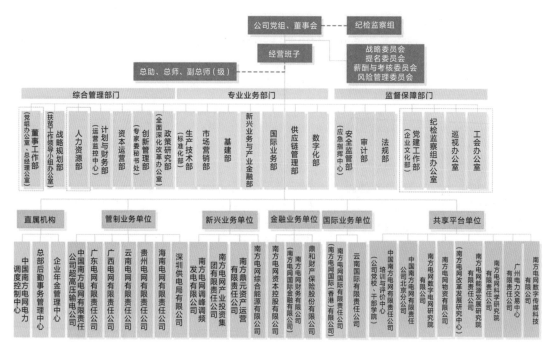

图 6-5　中国南方电网有限责任公司组织架构

　　综观上述案例，大型集团企业纷纷建立了独立的数据部门。除了落实管理层的具体要求外，独立的数据部门其实还承担了另外一个重要责任，那就是统一管理图 6-2 中的"花瓣"们，让"内瓣"们充分发挥分析加速器的作用，让"外瓣"们更高效地通过技术手段落实管理目标。

　　3. 选择合适的合作伙伴

　　正如图 6-2 中所展示的内容，让数据分析之花绽放，离不开合作伙伴的支持。"外瓣"和"内瓣"就表示两种不同类型的伙伴。

　　作为"外瓣"的技术提供者包括：

- ❑ 物联网数据基础设施提供商。主要指物联网（IoT）方向的数据生成及汇聚的提供商，这里的数据生成与汇聚指的是 OLAP 方向的新兴组件的数据生成与汇聚。
- ❑ 数据管理基础设施提供商。这里包括为所有数据管理解决方案提供基础硬件和软件的主要参与者。这些参与者负责包括大数据集群相关硬件、软件及基础设施配套的服务和培训在内的工作。
- ❑ 数据仓库提供商。该类参与者需要提供集成多个来源的数据的技术和服务，需要提供高效的数据存储、检索和处理技术与服务，提供可靠的数据安全保障，帮助组织从数据资产中获取和交付价值。
- ❑ 数据分析工具提供商。数据仓库提供商关注的是将所有存储数据带入企业，而数据分析工具提供商的目标则是为报告或描述性分析提供易于使用的工具。它们为企业提供仪表板、报告和可视化服务，行为建立在交易处理数据、数据库和数据仓库提供商行为基础上。它们提供的分析工具可以为数据开发者所使用，可以为专业数据分析师所使用，同时也可以为最终的数据使用者所使用。

❑ 数据服务提供商。用于分析的数据绝大部分来自企业内部，但仍然有许多外部数据源在决策制定中扮演着重要角色，比如，天气数据、人口数据、宏观经济数据、汇率数据、利率数据等。用于决策的数据需要有可靠的来源且质量高，因此这类数据往往需要专业的数据服务提供商来提供。

❑ 专注于商业分析的软件开发者。他们是一个群体，通常基于已有的平台或能用的分析软件进行算法开发。这类算法可以支撑描述性、诊断性和预测性分析，通常是特定类型但不限定具体行业的通用算法。

作为"内瓣"的分析加速器包括：

❑ 特定行业或一般行业的应用开发者。他们利用自身的行业知识，以及数据基础设施、数据仓库、数据分析工具、数据聚合器和分析软件提供商提供的解决方案，为特定行业定制解决方案。相对于"专注于商务分析的软件开发者"，这类群体更具特定的专业属性，更偏重于支撑指导性分析。

❑ 商业分析行业分析师和有影响力者。这类群体主要分为三类：第一类是为分析行业供应商和用户提供建议的专业组织；第二类是以会员为基础提供服务的专业协会或组织；第三类是通过研讨会、书籍、其他出版物传导知识的分析大使、影响者或传道者。

❑ 学术机构和认证机构。分析学属于知识密集型领域，一方面需要组织对前沿技术不断地进行学习并开展培训；另一方面需要提升组织内部及平台建设的其他参与者的能力，并确保其能按照规范完成工作。这就需要通过学术机构和认证机构来保障。

❑ 监管机构和政策制定者。这类群体负责制定管理规范并进行监督和管理。他们定义规则，包括数据传输规范、数据共享规范等，以确保数据安全、有序使用。

不同的组织、角色在数据分析过程中都需要各司其职。那么，平台承建方就需要根据自身需求选择不同的合作伙伴。上述的各类角色不可能由同一个合作伙伴承担，但很多大型软件服务商可以同时提供其中的多项服务，可以择优选择。通常情况下，对于"外瓣"，企业一般引入专业的软件厂商提供服务；对于"内瓣"，企业可根据自身情况选择外聘或成立对应的部门、子公司等来完成相关工作。

6.1.3　营造良好的数据文化氛围

对于组织质量保障体系，企业更多采用强制手段推动数据分析发展，没有从根本上调动数据分析师主观能动性。随着数据分析的不断深入，全员数据分析意识对企业的发展越来越重要。凡事"用数据说话"的企业文化，将成为企业发展的强大推动力。因此，提升企业人员的数据素养，从"被动"变为"主动"，是目前各大企业需要关注的重点。

IDC 在 2020 年 4 月发布了一篇名为"为什么要关注数据文化"的调查报告。报告对数据文化做了如下定义："数据文化是指企业管理人员和员工具有这样一种价值观、行为及态度：他们愿意推进以及支持对于数据的使用，并认为数据可以作为企业做出决策的驱动力。"

同年 4 月 16 日，中国数字企业峰会开幕，由数字产业创新研究中心、CIO 时代学院、锦囊专家、首席数字官与 Informatica 联合打造的《2020 中国首席数据官报告》重磅发布，这是国内首份详细解读首席数据官（CDO）定义、职责以及中国企业数据管理现状和挑战的报告。报告基于 300 份有效样本数据分析和案例研究，指出中国企业在进行数据管理时遇到的非技术障碍排名第一的就是"数据文化"，如图 6-6 所示。

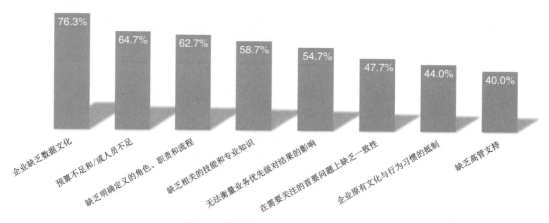

图 6-6 数据管理的主要非技术障碍

可见，在国内外企业中，数据文化越来越重要。IDC 预测，到 2024 年，G2000 组织中 50% 的领导者将具备情感共鸣、赋权、创新、以客户和数据为中心等"未来文化"特征，从而实现规模领导。要营造良好的企业文化氛围，全员需要从意识上发挥数据分析主观能动性，从能力上提升数据素养，做到"心甘情愿"且"有能力"。

1. 全员发挥数据分析主观能动性

管理学中有一个著名的泰国曼谷东方酒店案例。于先生曾多次出差在泰国东方酒店下榻，由于工作问题，后来很长时间没能再去，酒店每年都会给他送上生日祝福。直到三年后，他又一次来到了这家酒店，第二日，出房间门准备去餐厅吃早餐，进入电梯前遇到服务员，服务员说道："于先生，早上好，您是准备去餐厅吃早餐吗？"于先生一惊，问道："你怎么知道我是谁？"服务员答道，"从昨天您入住我们就查到了您的信息，为了提供更好的服务，我们的服务人员都会记住每位客人。"于先生进入餐厅，餐厅接待人员立马迎上，说道："于先生，早上好，您是要用餐吗？"于先生此刻又一惊，但接下来发生的事情让他更为震惊。"您还是坐原来的位子吗？""嗯？好啊！"服务员将他引到三年前他曾坐的位子。"您吃点什么呢？还是跟上次一样的套餐吗？"于先生早已忘记三年前点的什么早餐，但是酒店记得。他此刻坐在三年前他坐的位子上，吃着和三年前一样的早餐。如果是你，此刻的感受是什么？

另外一个对比案例形成强烈的反差。这位于先生曾在某酒店入住 30 多天，服务人员、打扫卫生的阿姨几乎都混了个脸熟。但是，30 天之后，当于先生遇到打扫卫生阿姨的时候，她说："那个 302 的，你……"

其实，无论哪里的酒店，目前信息化建设都并不落后，但没有人对数据敏感，所有的客户数据僵尸般地躺在数据库里，无人问津。这便是缺乏数据意识的表现。

对于企业来讲，搭建数据分析平台固然重要，但真正能为企业带来价值的是意识驱动，并有的放矢地利用数据。

上文提到的名为"为什么要关注数据文化"的调查报告中，IDC 将受访者及其组织划分到 4 个类型，并且对其区别性特征进行评估，如图 6-7 所示。

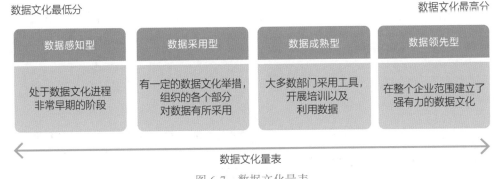

图 6-7　数据文化量表

这项报告通过对 1 100 名受访者调查得来。这些受访者来自巴西、加拿大、中国等 10 个国家，覆盖各行各业，包括高管、经理人以及技术和非技术人员。调查中有两个问题："高管自身在多大程度上积极地利用数据？您认为自身工作受数据驱动的程度如何？"它们分别代表这些企业高管和员工参与数据分析的程度，如图 6-8 所示。结果显示，与数据感知型组织的受访者相比，数据领先型组织中高管以身作则地利用数据的受访者要多 59%；与数据感知型组织的受访者相比，数据领先型组织中感觉自己受到相当强有力数据驱动的受访者要多 73%。与数据感知型组织的受访者相比，数据领先型组织的受访者具有以下特征：表示始终要求在会议中使用数据的受访者要多 60%；表示始终要求以数据支持建议 / 决策的受访者要多 67%；表示超过 80% 的会议由数据驱动的受访者要多 55%。

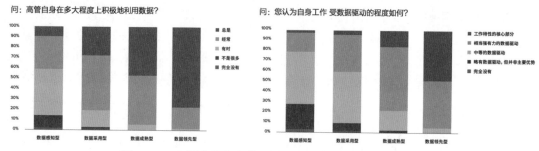

图 6-8　IDC 调查报告中管理层及员工参与数据分析的程度

可见，要成为数据领先型企业，就需要充分发挥各级管理人员、业务人员主观能动性，提高各级人员的数据分析意识，建立强有力的数据文化。

2. 全员提升数据素养

数据素养是对数据的理解、交流、获取、运用的能力，通俗来讲就是对数据的"听、说、读、写"的能力。

拥有良好的数据素养，需要具备数据意识和数据敏感性，能够有效且恰当地获取、分析、处理、利用和展示数据，并对数据具有批判性思维。结合相关理论研究，我们可以将数据素养归纳为数据态度、数据意识、数据知识、数据技能、数据伦理 5 个方面的基本要素，如图 6-9 所示。

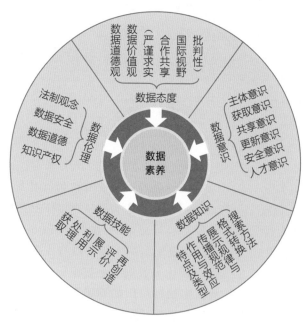

图 6-9　数据素养的 5 个基本要素及其核心内容

❑ 数据态度：包括数据道德观及具有严谨求实、合作共享、国际视野和批判性的数据价值观。它是提升数据素养的前提。数据态度是主观能动性方面的内容，它直接影响数据收集、处理、分析和展现的各个环节，并影响最终的分析结果。这里常常忽视的是批判性思维。数据分析是需要严谨的。追根溯源、验证其准确性和可靠性，是做出正确决策的基础保障。

- ❑ 数据意识：包括数据主体意识、数据获取意识、数据共享意识、数据更新意识、数据安全意识及数据人才意识等。它是提升数据素养的先决条件。数据意识包含对数据的敏感程度，对数据和数据问题敏锐的感受力、持久的注意力，以及对数据价值的洞察力、判断力等。数据意识决定了捕捉、判断和利用数据的自觉程度。其强弱程度决定了研究者是否能有效地处理和利用数据，是否能在第一时间挖掘有用的数据信息，以及高效地传播和分享数据成果，这直接影响科学数据管理的过程和效果。数据态度和数据意识是数据素养两个不同方面的内容。数据意识决定了数据态度，同时，数据态度影响了数据意识。

- ❑ 数据知识：包括数据的特点及类型、数据的作用与效应、数据的展示规律与传播规范、数据格式转换方式、数据搜索方法等。它是数据素养的基础。俗话说"知己知彼，百战不殆"，要做好数据分析，首先要对数据有足够的认知。数据知识是做好数据分析的先决条件。

- ❑ 数据技能：包括对数据的获取、处理、利用、展示、评价和再创造。它是数据素养的保证。知道"是什么""要什么"之后，最重要的就是"怎么做"了。随着技术的发展，数据分析人员需要掌握数据分析方法，快速有效地获取和利用数据，并擅于使用数据管理、可视化展示、数据挖掘工具，对数据进行评价、使用等。

- ❑ 数据伦理：包括法制观念、数据安全、数据道德、知识产权等。它是数据素养的准则，是不可或缺的一部分。*DAMA-DMBOK2* 中指出，"伦理"侧重于是公平、尊重、责任、诚信、质量、可靠性、透明度和信任等方面的内容，"数据伦理"指如何以符合伦理准则的方式获取、存储、管理、使用和销毁数据。数据伦理概念主要集中在对人的影响、滥用的可能和数据的经济价值几方面。在数据实际使用过程中，数据来源多种多样，数据质量参差不齐，数据使用场景纷繁复杂，数据的使用受数据伦理的制约。

数据素养需要渗透到企业管理的各个环节。提升全员数据素养是为企业营造良好数据文化氛围的保障和有效途径。

6.2　搭建智能数据分析平台

数据分析生态系统为企业有效分析、使用数据提供了软性的基础保障。更重要的是，企业要学会利用技术手段，系统化地管理、分析和洞悉数据的价值，也就是具体落实企业级智能数据分析平台的搭建。

智能数据分析平台可帮助企业将散落的数据汇聚一体，将杂乱无章的分析手段规整梳理，让管理人员可以专注管理和决策。本节将通过平台愿景、基础设施和建设内容3方面来阐述企业级智能分析平台的搭建思路及其必备的能力及要素。下一章还会对分析平台需要具备的工具能力做更加详细的介绍。

6.2.1 平台愿景

每个企业都需要数据分析。起初为保证数据分析项目的快速落地，大多数企业采用分散式建设平台的模式。企业的数据分析需求达到一定规模和水平时，就会激发数据分析平台的搭建需求，这时候就需要搭建统一的整体框架，保证企业数据分析有章可遵。每个企业都有自身的独特性，分析平台的搭建并非一蹴而就，往往"知易行难"，需要一个不断探索的过程。

1. 理想很丰满

随着大数据实用化的落地，以BAT为引领的企业数字化转型在不断发展，各大中型企业纷纷加入数字化转型热潮，希望借鉴先进企业经验，搭建符合自身企业级数据分析平台。

分析平台的搭建不是一件小事，对于设计者来说，一定希望搭建出一个架构清晰、功能全面、智能易用、可扩展性强的系统。理想中的智能数据分析平台通常具备如下特性。

❑ 框架清晰、可扩展性强；
❑ 数据易查找、随时可用；
❑ 分析工具易用、学习成本低、人人皆可分析；
❑ 平台智能化、提升效率、智能推荐；
❑ 海量数据处理、性能优良、安全可靠。

为确保数据分析平台的高效建设，通常情况下独立数据部门牵头进行平台的技术落地，对数据进行统一管理，制定规范、原则；各业务部门在整体框架要求下进行场景建设和具体的分析应用。理想情况下，数据部门与业务部门携手并进，满足数据集中管理、高复用性及高标准化的前提下，让业务分析需求实现遍地开花。

2. 现实很骨感

随着最终的数据消费者越来越多地参与到分析过程，数据分析的高敏捷性越来越突显出来。涉及的环节越多，越容易降低分析效率，标准的建设过程就会显得有些"重"。所以，我们在项目建设过程中经常会看到业务部门和信息部门的博弈。业务部门通常希望以结果为导向快速出成果，而信息部门必须做好本职监管和规范工作。如图6-10所示，企业在实践过程中往往会面对规范与效率之间的冲突，如果不能妥善解决，很难保证分析平台的良性发展。

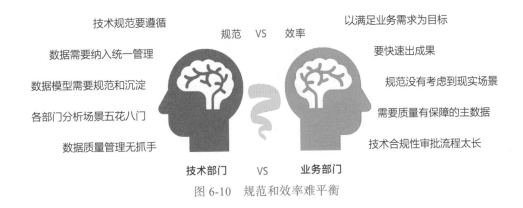

技术规范要遵循　　　规范　VS　效率　　以满足业务需求为目标

数据需要纳入统一管理　　　　　　　　　　　要快速出成果

数据模型需要规范和沉淀　　　　　　　　规范没有考虑到现实场景

各部门分析场景五花八门　　　　　　　　需要质量有保障的主数据

数据质量管理无抓手　　　　　　　　　　技术合规性审批流程太长

技术部门　　　VS　　　业务部门

图 6-10　规范和效率难平衡

3. 让梦想照进现实

如何解决上述矛盾？科技发展日新月异，人们的生活节奏越来越快，速度成为普遍的追求目标。数据分析与企业的决策息息相关，更加需要时效性保障。业务部门作为最终数据使用者将效率排在第一位，但是，仅追求速度势必会在技术、数据规范性上做一些取舍。这里就需要找到一个平衡。

敏捷思维开始发挥作用。智能数据分析平台的搭建也可以借助最小可用产品 MVP（Minimum Viable Product）的思路，即先构建平台整体框架，制定基本规范，发挥业务部门的分析优势，选择合适的时机将共性要求沉淀到平台，持续良性运营。

因此，要真正让梦想照进现实，分析平台的搭建需要做好如下几方面。

❏ 打好基础，做好分析平台基础设施建设，确保微服务架构可扩展性；

❏ 充分分析企业需求，有体系地构建分析平台，做好功能支撑；

❏ 制定规范标准体系，各部门遵循规范建设场景，数据部门持续关注并选择恰当的时机对共性需求进行整合、梳理及提炼，最终升级为平台功能或统一标准数据模型。

6.2.2　基础设施

企业级智能数据分析平台基于大数据，对技术性要求高。要建造一幢华丽的建筑，最重要的是打好地基，基础设施便是分析平台的地基。接下来，我们通过部署模式、技术选型及安全保障 3 方面内容来阐述如何提供基础设施保障。

1. 部署模式

将时间转回到 2000 年前后，国内企业信息化尚处于初级阶段，开始使用单机版软件进行事务处理。经过 10 年左右的发展，集团型套装软件开始得到长足发展。近 10 年，科技快速发展和创新，大数据、云计算技术的出现给大型分析平台的搭建创造了可能。对于企业级智能数据分析平台来说，其通常有本地化部署、私有云、公有云、混合云 4 种模式，如图 6-11 所示。

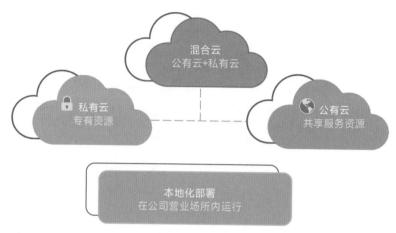

图 6-11　企业级智能数据分析平台部署模式

- ❏ 本地化部署：指将服务器部署在企业内部，企业数据存储在服务器上。本地化部署需要企业准备机房，自行采购、维护设备，搭建系统并维护。
- ❏ 私有云：指为单个用户使用而构建的云化部署模式。私有云可以部署在企业数据中心的防火墙内，也可以部署在一个安全的主机托管场所。私有云的核心属性是资源专有，能提供对数据安全性和服务质量的最有效控制。相对而言，私有云的部署成本较高。
- ❏ 公有云：指第三方提供商为用户提供的能够使用的云化部署模式。公有云一般可通过互联网使用，可能是免费或成本低廉的。公有云的核心属性是共享服务资源，从整体来看有助于实现效率最大化。
- ❏ 混合云：指公有云和私有云两种服务方式相结合的云化部署模式。基于对数据安全和可控性的考虑，并非所有的企业信息都能放置在公有云上，但同时企业又希望享受公有云的服务。那么，混合云是一个非常好的选择。

类比一下，谈谈上述 4 种部署模式的差异。每个人都要住宿，那么自己买房子相当于本地化部署，购买成本高，需要自行支付物业费，自行承担房屋维护工作及费用；租房子相当于私有云模式，初始成本较高，如需要承担寻找房屋的时间成本、中介费，相对买房子灵活性更强；住酒店相当于公有云模式，房间由酒店工作人员维护和打扫，只享受居住的权利，并且随时可以更换地点；一家人同时租住了一套房屋及酒店相当于混合云模式，成员根据不同需求，可以随时切换使用模式，如某家庭成员工作日选择离上班地点较近的酒店，周末回到租住的房屋与家人团聚。

2. 技术选型

科技在发展，技术在革新，数据分析的发展离不开技术的推动。要快速响应世界的变化，智能数据分析平台更是不能故步自封。"没有最好，只有最合适"，针对要实现的功能，使用适宜的技术满足需求是"王道"。

那么，如何选择合适的技术来构建智能数据分析平台？通过组合目前主流的大数据技术，我们总结出比较典型的企业级智能数据分析平台的技术架构，如图 6-12 所示。

图 6-12　企业级智能数据分析平台技术架构参考示例

从数据分析本身需求角度出发，所选的技术应满足如下特性。

- 可扩展、多源化的数据接入能力。从源数据的存储媒介及其更新频率角度划分，数据接入包括离线数据导入和实时数据采集模式。离线数据也就是第 2 章中提到的批式数据，即历史数据。离线数据接入存在多种类型，例如，线下 Excel、CSV 等的接入可通过构建 File Loader 进行支撑；关系型数据库（如 Oracle、MySQL、PostgreSQL 等）的接入可借助 JDBC 协议机制构建 JDBC Loader 实现；倘若需要实现关系型数据库与 Hadoop 之间的高效批量传输，则可选择使用开源的 Sqoop。实时数据即流式数据，如智能设备数据、日志数据等，实时产生，并需要实时接入进行展示、分析。这不仅需要平台具备低延迟、高吞吐量的特性，还需要有持久的容错机制，也就是需要在连接失败而导致数据暂缺时及时补齐并避免数据重复，可选用目前较成熟的 Kafka、Flume、Oracle Golden Gate 技术。

- 海量、高效的数据存储能力。对于智能数据分析平台来说，数据可分为几个层次，如第 3 章所述。对于元数据的存储，通常使用关系型数据库，如 PostgreSQL；对于大型数据仓库建设来说，通常采用 Hadoop 生态的 Hive；对于分析层需要具备快速查询的特性，列式存储模式提供了新的突破方向，近些年在开源界较火爆的列式数据库 CH（ClickHouse）兼具关联、聚合查询及高性能，是较轻量级实现自助多维分析及数据加工处理的新的优选项；对于大量检索分析来说，索引数据库 ES（ElasticSearch）是检索、聚合查询的优选项；对于关系层次较深、较复杂的数据，图数据库 Neo4j 能更好地发挥作用；对于非结构类数据，通常采用文件系统 HDFS 进行存储。

❑ 实时、快速的数据计算能力。常规的统计计算、聚合计算、关联计算，通常使用 SQL 就可以实现，Spark SQL 是较常用的方式。除此之外的高级计算模式、逐渐普及的 Python，实现了各层次的数据分析支撑；还有 Streaming 的流计算支撑，Graph X 的图计算支撑，Mlib 的机器学习支撑，以及 Spark Net 的深度学习支撑等。

❑ 丰富、多样、好用的分析展示能力。最重要的分析展示莫过于图表展示。百度的 ECharts 是目前应用广泛而好用的开源图表组件，当然还有收费的 HCharts。由于 ECharts 图表范围的限制性，D3 提供了交互式图表开发模块，很好地弥补了 Echarts 的不足。对于表格编辑，通常采用 SpreadJS；对于表格的展示，可选择 Canvas。页面展示通常使用 HTML，移动端的展示则会使用 HTML5。

从企业级平台角度来说，平台架构需满足以下要求。

❑ 安全管理。对于企业来说，信息化一定是多源的，系统集成、跳转不可避免。系统之间跳转的安全性需要安全认证体系保障。应用管理过程中，数据隔离、加密则是系统最基础的安全保障。另外，为了保证系统稳定运行，审计日志、操作日志管理也是非常重要的环节。

❑ 配置管理。为了满足大数据量、高效的分析要求，企业级智能数据分析平台必然会采用分布式部署模式。集群管理、资源管理、任务管理则是分布式系统稳定运行的保障。

❑ 开发工具。企业级智能数据分析平台需要满足企业各级管理人员、各部门、各机构的分析诉求。需求总是千奇百怪，再优秀的智能分析平台也会存在不能满足需求的可能性，那么这"最后一公里"就需要通过系统的开放性来跨越。而插件化的二次开发和开放的 SDK 是解决问题的有效途径。

当然，上述提到的技术并非唯一的选择，企业需要根据自身实际需求选择最恰当的技术，甚至可以根据时代的变化"革自己的命"。技术都应该为实现企业的管理目标而服务。

3. 安全保障

上述提到的安全管理为软件技术层面的安全。对于整个企业级智能数据分析平台来说，安全保障分为多个层次，涉及硬件安全、系统安全、数据安全 3 个方面。

❑ 硬件安全。硬件安全是指保障支撑系统运行的硬件设施的安全。为了确保硬件安全，企业需要制定机房管理制度，加强防火、防盗、防病毒等安全意识。本地化部署需要企业自行保障硬件安全，云部署适当地将部分硬件安全风险转嫁给了云服务厂商。

❑ 系统安全。系统安全是指保障系统每天 24 小时，一年 365 天不间断运行。系统安全可以分为网络安全和功能安全。网络安全一方面可通过局域网方式隔离进行保障，另一方面可通过防火墙技术进行保障。功能安全大到防篡改、防攻击，小到安全认证、会话超时策略等，都是需要注意和考虑的内容。随着技术的发展，不同于传统信息化系统安全保障，在分布式部署模式下，即使单一节点发生故障，系统仍可能保持正常运行状态。

❑ 数据安全。对于数据分析平台来说，数据是核心，数据安全是平台安全运行的重要保障。数据安全主要包括两个层面：一是数据权限，二是数据备份及容灾。数据权限包括数据的获取、查看、使用、管理权限，是最好的维护数据伦理的方式。数据备份及容灾更是不容忽视。定期备份能预防意外造成损失。数据容灾则比备份更高一层，它同时考虑了硬件的安全性，通常通过建立异地容灾中心，做数据的远程备份，以保证在灾难发生之后原有数据不会丢失或者遭到破坏。

6.2.3　建设内容

构建企业级智能数据分析平台时，企业可以借助敏捷思维采用小步快跑模式，规划总体架构逐步迭代实现。本节介绍的建设内容主要指平台系统功能的支撑。

1. 总体思路

本书开篇提到了 DIKW 的分析思维。企业级智能数据分析平台的目标同样是将数据转换为智慧，实际是在践行 DIKW 理论体系。如图 6-13 所示，从数据增值的角度看，智能数据分析平台需要具备四大能力：数据汇聚、数据管理、探索分析以及智慧共享。

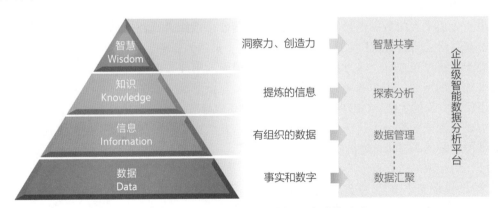

图 6-13　企业级智能数据分析平台总体思路

2. 整体架构

按照数据到智慧的升级过程，数据汇聚、数据管理、探索分析及智慧共享实现了数据全链路管理。这些管理需要以组织、用户、角色、权限等基础管理为支撑，同时，为确保数据在"用""养""析"过程中能更好地为企业做决策提供支撑，与数据文化结合形成良性循环，数据运营也是不可或缺的组成部分。依照上述思路，企业级智能数据分析平台基本框架如图 6-14 所示。

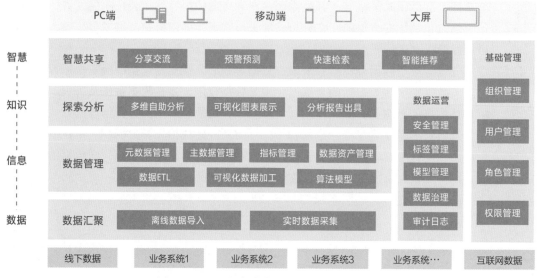

图 6-14　企业级智能数据分析平台基本框架

3. 基础管理

基础管理包括组织、用户、角色及功能权限的管理。组织、用户、角色的管理与其他信息系统类似，有两点区别于传统信息化系统的管理。

（1）对系统可集成性要求更高

由于分析平台的数据汇聚特性，其需要连接各个系统进行数据抽取、数据连接，这必然会带来系统之间的组织和用户权限统一、单点登录相关要求。

关于系统可集成性，一方面是组织、用户层面的集成，即通常情况下，分析平台需要有一套独立的组织、用户和角色，同时需要具备与企业统一认证平台的集成性；另一方面是应用展示方面的集成，OLTP 与 OLAP 系统独立建设可以发挥自身技术优势，但在应用侧往往需要更深度的融合，这需要分析平台的应用及成果输出采用微服务架构模式，通过单点登录模式做到系统间无缝衔接。

（2）对权限的管理更为严格

"数据安全无小事"，良好的数据素养需要员工有良好的数据意识，遵从数据伦理。这就需要分析平台有多层次、多维度的权限管理体系。

从功能范围看，数据权限可分为数据管理权限、数据访问权限及数据使用权限；从共享范围来看，数据权限分为组织内全共享权限、组织／角色共享权限、个人共享权限；从权限粒度来看，数据权限分为展示成果权限，数据表级权限，以及更细粒度的行级数据权限，如图 6-15 所示。

4. 数据汇聚

"巧妇难为无米之炊"，数据是分析的基础，因此散落在各系统的数据首先需要汇聚在分析平台，形成统一的数据模型，以便管理和使用。

🔒 功能范围	🔓 共享范围	🔒 权限粒度
数据管理权限	组织内全共享权限	展示成果权限
数据访问权限	组织/角色共享权限	数据表级权限
数据使用权限	个人共享权限	行级数据权限

图 6-15 数据权限

转换成统一的数据模型需要通过数据连接器实现，如图 6-16 所示。数据连接器支持不同类型的数据接入，包括传入 Excel、CSV 等文件中的线下数据，通过关系型数据库接入存储在 Oracle、PostgreSQL、MySQL 等数据库中的数据，通过物联网实时数据库接入设备实时数据，另外可通过定制数据连接器或数据 API 接入一些需要专业处理的数据，如像天气、利率等公共数据。数据接入有多种形式，最常规的是主动拉取模式。此种模式将数据存储在数据分析平台的数据库中，确保分析效率；对于物联网数据，由于其实时性，通常采用接口推送模式；为了降低数据冗余，还可以通过引擎直连和 API 模式，实现 OLTP 和 OLAP 的深度融合，但会对原数据库造成性能压力，适合数据修改较为频繁、对实时性要求较高但数据量相对较小、计算相对简单的场景。

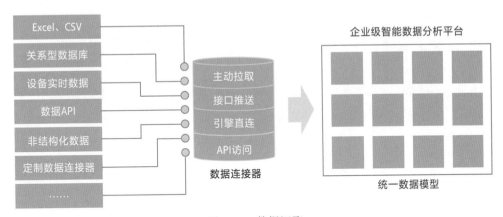

图 6-16 数据汇聚

5. 数据管理

数据管理包括对数据存储、数据处理及数据资产 3 方面的管理。如图 6-17 所示，数据管理主要包括如下内容。

❑ 分层次数据存储。如第 3 章所述，建立一个企业级数据分析平台，就需要对企业所有的数据统一、有序地管理，这就需要进行分层次数据存储。存储未经处理的数据的层，称为"贴源层"，即数据湖层；存储经过 ETL 处理，遵循企业级数据模型管理规范的数据的层，称为"共享层"，即数据仓库层；存储直接可用于分析和最

终用户探索的数据的层，称为"分析层"，即数据集层。此部分是数据分析的重要
基础，是数据质量的重要保障。

❑ 面向不同角色的数据处理。数据处理是数据管理的重要环节。数据分析平台需要提
供可扩展的接口，由开发人员通过编写代码进行 ETL，对复杂的数据进行处理；提
供算法模型工具，供专业分析人员使用，帮助用户完成分析；提供可视化数据加工
工具，帮助普通业务人员快速处理数据，提高分析效率。

❑ 有条理的数据资产管理。数据资产管理包括元数据管理、主数据管理、指标管
理。平台需要提供灵活的数据资产目录设置及标签管理功能，以便用户搜索、使
用数据；形成的数据资产，还需要有灵活的权限控制，可以分目录进行授权、管
理等。

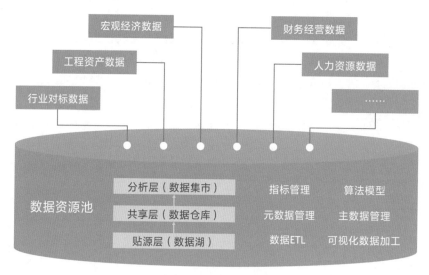

图 6-17　数据管理

6. 探索分析

数据探索分析功能是分析平台走向平民化的重要保障。高门槛的数据分析工具造成了
由开发人员包办的保姆式分析。自助式探索分析的出现减少了沟通障碍，因为普通用户直
接通过拖拽模式就可快速完成数据探索。实时展示的分析结果能够及时反馈给分析人员，
便于快速调整，确保最终结果满足分析诉求。

数据分析平台需要提供自助探索分析、可视化图表展示，以及快速组装形成仪表板和
在线编辑报告等功能，如图 6-18 所示。

7. 数据运营

数据运营包括安全管理、标签管理、模型管理、数据治理、数据审计等。此部分是提
高数据使用效率的有效保障。

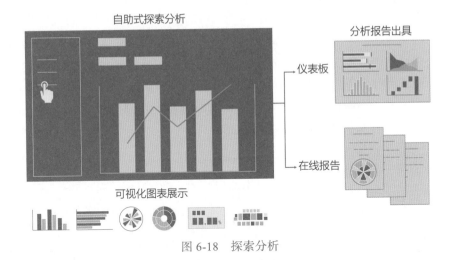

图 6-18　探索分析

- ❑ 安全管理。安全管理包括对硬件、系统和数据三个层面的安全保障，即 6.2.2 节安全保障的技术实现。
- ❑ 标签管理。标签的目的是实现更便捷的搜索及更准确的推荐。标签管理贯穿整个系统。数据在系统中运行的各个阶段都会涉及标签管理。数据从接入系统的那一刻开始，就会拥有标签，如接入数据的类型、所属的业务领域等。企业级数据资源池更离不开标签。针对具体的场景都，我们可通过标签标识，进而进行分门别类的管理。打标签可以分为人工和系统自动执行两种模式。系统自动打的标签又可以分为3 种形式：事实标签，通常根据标签值和属性允许值的关系确定；规则标签，通过设计打标签的逻辑确定；模型标签，通过打标签的算法模型确定。
- ❑ 模型管理。通常情况下，我们说到"模型"会局限在数据模型范围。这里的"模型"指分析模型，包括数据结构模型、数据处理模型、指标模型、分析展示模型、算法模型等。模型管理的目标是形成复用模式，真正实现知识共享，提高分析效率。
- ❑ 数据治理。从系统实现角度看，通常情况下数据治理融入各个功能模块，如数据管理模块提供异常数据提示，数据处理模块提供相应的统计分析以辅助处理数据等。
- ❑ 数据审计。对于系统运行效果的评价，数据审计是不可或缺的部分。用户行为分析、用户登录访问次数、各模块的使用频率等有助于了解系统使用情况。这些数据可以推动平台更好的建设。

8. 智慧共享

在智能分析时代，数据的可消费化越来越受到重视，对数据应用及展示提出的要求更高。企业需要在原有平台基础上提供更具交互性的沟通平台、智能化的预测和预警，融入更多基于算法的搜索推荐等。

通过线上知识共享与交流，平台不断学习推荐算法，才能更好地推动"知识"向"智慧"转变，最终以先进的方式为企业决策提供支持。

9. 制度体系保障

以上，我们提到了组织保障、人员保障、文化氛围保障、系统架构保障、系统功能保障多方面内容。最后，我们还需要让上述保障有序运行，这需要制定相应的规章制度来进行相应的约束，以成为智能数据分析平台正常运行的一道防线。制度体系包括但不限于如下内容。

❑ 数据分析类项目立项和结项标准及规范；

❑ 数据分析平台技术选型规范；

❑ 数据分析平台服务接口规范；

❑ 数据分析平台数据编码、数据库命名标准；

❑ 数据分析平台数据审批流程及权限规范；

❑ 数据分析平台 UI 规范；

❑ 移动端分析项目建设规范；

❑ 大屏展示项目建设规范。

6.3 本章小结

本章就企业级智能数据分析平台搭建的基本知识、方法做了介绍。数据驱动文化日益成为企业、政府等组织关注的重点。从体系、制度上让所有人"动"起来，是各组织数字化转型的重要推动力。在体系制度、方法论保障的基础上，我们还需要了解建设数据分析平台的实际支撑。第 7 章将就数据分析平台需要具备的要素进行详细阐述。

企业级数据分析平台必备的能力

俗话说"工欲善其事，必先利其器"。要做好数据分析，真正助力企业实现数字化转型，促进企业价值提升，好的智能数据分析平台尤为重要。对于智能数据分析平台来说，其中最主要的部分就是各类数据分析工具。然而，工具本身不是数据分析平台构建的目标；做好数据分析的支撑和保障，才是数据分析平台的使命。因此，本章不对具体分析工具的提供厂商展开描述，而是侧重探讨智能数据分析工具需要提供的能力，也就是数据分析平台应具备的要素。

诸如之前的章节提到的，数据分析正在从 IT 完全主导型向业务完全主导型转变，未来会融入更多的智能化元素，终究会向智能自助型发展，如图 7-1 所示。

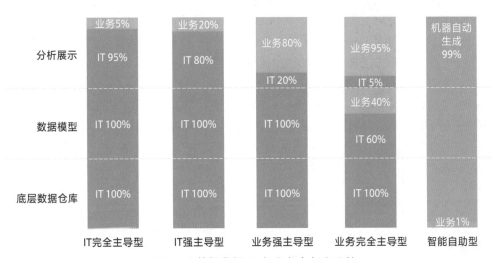

图 7-1　数据分析 IT 与业务参与度比较

业务人员的深度参与对分析工具提出了更高的要求。从发展趋势来看，智能自助型是未来的方向。但真正实现智能自助型，是需要建立在业务强主导型和业务完全主导型长期运行及经验总结基础之上的。因此，业务强主导型、业务完全主导型仍会是企业数字化转型必经阶段，并将持续较长时间。所以，目前主流的分析工具还是在支撑业务完全主导型分析，并逐步拓展支撑智能自助型分析。

从"数据"到"智慧"形成的整个过程来看，分析工具需要具备多源化数据汇聚、体系化指标管理、可视化数据准备、自助式分析展示、可管理的模型构建、智能化搜索推荐六大能力，如图 7-2 所示。

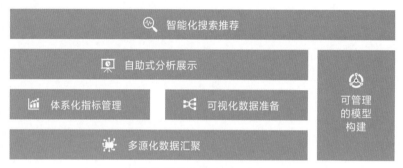

图 7-2　智能数据分析平台应具备的六大能力

7.1　多源化数据汇聚能力

如 6.2.3 节所介绍的，数据汇聚所使用的工具可以统称为数据连接器。在企业数据分析中，最常见的数据是企业生产运营及管理过程中由人工记录下来的。根据企业信息化程度的不同，这类数据可能以 Excel 等离线文档的形式存在于个人电脑中，也可能存在于数据库中。由于数据分散形成孤岛，为了更好地进行分析，我们需要在数据分析平台中形成统一的数据模型。那么，首先是将这些数据接入分析平台，再进行统一的管理。

批式数据需要通过导入或抽取的方式接入分析平台，这类数据的接入方式称为批式数据接入。随着智能硬件设备的出现、传感器不断推陈出新，以及网络技术的发展，数据不断产生，不断被记录。这类实时数据通过传统的方式接入已经不能满足要求，因此对数据连接模式也有了新的要求，这类数据的连接模式称为实时数据感知。针对存储方式、使用频率及连接模式的不同，我们可以对批式数据接入及实时数据感知进一步细分，如图 7-3 所示。

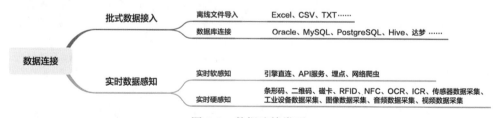

图 7-3　数据连接类型

7.1.1　批式数据接入能力

批式数据接入方式适用于导入在客户机中以 Excel 等方式存储的离线文件数据，以及在服务器中通过数据库存储的系统数据。在进行数据分析时，这类数据通常需要按一定的时间周期导入或抽取到分析系统中，以便进行统一的管理与分析。批式数据接入可以分为离线文件数据导入及数据库连接两种模式。

1. 离线文件数据导入

数据分析平台通常需要提供可视化的离线文件数据导入功能。典型的离线文件数据导入示例如图 7-4 所示，通常需要 3 个步骤：首先，上传 Excel、CSV 等常用格式的文件；其次，通过系统功能进行解析，之后用户对导入数据进行预览，并对字段类型、数据范围等进行设置；最后，保证以统一的模型在系统中进行数据存储，录入导入数据对应的元数据信息，如数据名称、路径、标签、备注等。

图 7-4　离线文件数据导入

2. 数据库连接

对于大多数企业而言，用于分析的大部分数据通过数据库存储在各个系统中。但数据库多种多样，企业在建设系统时都根据自身的需求选择了适合各自的数据库，例如 Oracle、MySQL、PostgreSQL、Hive、达梦等。虽然数据库种类繁多，但值得庆幸的是，企业可以通过统一遵循的 JDBC 协议进行接口对接，提供统一的数据连接模式。当然，由于各类数据库存在差异，数据分析平台的连接器还是需要对不同数据库进行兼容性处理。

与离线文件数据导入类似，分析平台同样需要提供可视化操作界面，以统一的数据连接器模式支撑数据库存储数据的对接。数据库连接可以参考图 7-5 所示的步骤实现。

第一步，通过数据库连接信息录入，确保数据链路畅通。

第二步，选择需要接入的数据表，并且需要对数据进行相应的加工处理，通过 SQL 语句灵活选择需要对接的数据表及查询条件，完成数据表设计。

第三步，批式数据的特点是非实时性，但往往使用和更新频率相对稳定。这类数据可以通过设置数据更新机制进行定时抽取。

第四步，与离线文件数据导入模式相同，设置相关元数据信息以便于管理。

图 7-5 数据库连接

7.1.2 实时数据感知能力

要从根本上解决数字化转型问题，企业就需要从数据处理源头释放人力，通过自动感知方式实时获取数据。实时感知意在强调实时性，通过新型技术手段减少中间环节，做到生产即获取。

数据每时每刻都在产生，可以分为两大类：一类是虚拟世界中实时产生的数据，如系统日志等，对这类数据的感知称为实时软感知；另一类是物理世界中不断产生的数据，如智能硬件等产生的数据，对这类数据的感知称为实时硬感知。

1. 实时软感知

细分来看，常见的实时软感知类型包括引擎直连、API 服务、埋点、网络爬虫等，具体实现如图 7-6 所示。

图 7-6 实时软感知基本实现

（1）引擎直连

引擎直连适用于相对轻量级的数据查询，避免抽取冗余数据，通过 JDBC 协议直接连接源数据库即可实现数据分析。引擎直连的优势是实现了真正的实时查询分析，减少了中间环节，实现了 AP 与 TP 的融合；但是，其因直接访问机制，会对源数据库造成一定的压力，并不适合海量数据分析及查询展示。

从引擎直连工具操作角度来看，其同样包括数据库连接信息设置、数据表设计及元数据信息设置的操作，不同的是因直连的特性省去了数据更新频率设置环节。

（2）API 服务

由于数据的私密性、壁垒性，并非所有数据都可以通过直接抽取、访问等模式获取，如需要购买才能获取某些特定机构掌握的行业对标数据等。对于某些数据来说，其只能通过源系统提供的 API 服务获取。

从 API 服务整体流程来看，其需要在源系统进行 API 创建、发布及测试，在数据分析平台进行调用及预览，之后才可实现最终的分析展示。API 服务模式开放性较弱，只能在接口提供的服务范围内进行数据分析与展示，因此可塑性和自助性都较弱。

（3）埋点

埋点就是在需要监测用户行为数据的地方加上一段代码，目的是采集相关数据。埋点是网站分析时常用的一种数据采集方法。埋点技术主要包括代码埋点、可视化埋点和无埋点。

- ❑ 代码埋点：这是较为主流的是埋点模式。埋点之前，通常需要明确分析的感知指标，然后进行埋点设计，再针对埋点代码进行开发、测试，实现埋点方案执行。埋点方案往往需要业务人员、分析师、埋点工程师、数据检验师等通力合作才能完成。产品经理通常很难从一开始就掌握所有的用户路径，难免会存在漏埋、错埋的现象，于是逐渐发展出可视化埋点及无埋点模式。
- ❑ 可视化埋点：指的是通过用户行为分析工具可视化管理界面，直接指定可交互的页面元素（如图片、按钮、链接等）作为埋点对象，自动生成采集代码进而完成埋点。这种方式跳过了代码部署、测试验证和发版过程，实现了所见即所得的埋点和应用。
- ❑ 无埋点：这种埋点方式本质上是全埋点，即在 SDK（Software Development Kit，软件开发工具包）部署时进行统一埋点，将用户对 App 或应用程序的操作尽量多地采集下来。这种方式能更好地避免漏埋现象发生。但是，由于其记录的信息相对有限，对于需要添加事件属性的场景来说，代码埋点会更有优势。通常在实际使用过程中，企业会采用"埋点 + 无埋点"模式。企业可以在系统中自行开发埋点工具，也可采购第三方统计埋点工具，如神策、GrowingIO、Talking-Data 等。

（4）网络爬虫

网络爬虫又称网页蜘蛛、网络机器人、网页追逐者，是一种按照一定规则，自动抓取万维网信息的程序或者脚本。其被广泛用于互联网搜索引擎或其他类似网站，可以自动采集所有能够访问到的页面内容，以获取或更新这些网站的内容。传统爬虫从一个或若干初始网页的 URL 开始来抓取网页，在抓取网页过程中，不断从当前页面抽取新的 URL 放入队列，直到满足系统的停止条件为止。网络爬虫通常包括发起请求、获取响应内容、解析内容、保存数据等几个步骤。网络爬虫可以通过 Python、Java、PHP、C、C++ 等语言实现，目前使用最便捷的是 Python。对于大型电商网站，其只需要在第三方爬虫工具上输入网址和查询条件，就可以输出某类商品的销售、评价等数据信息。

2. 实时硬感知

顾名思义，实时硬感知就是对硬件的感知。提到实时硬感知就不得不提到"数字孪生"（Digital Twin）。数字孪生思想起源于密歇根大学 Michael Grieves 教授提出的信息镜像模型，这个模型后来慢慢演变为数字孪生。数字孪生是充分利用物理模型、传感器、运行历史数据等，集成多学科、多物理量、多尺度、多概率的仿真，在虚拟空间完成对物理空间的映射，从而反映相对应的实体装备的全生命周期过程。数字孪生是一种超越现实的概念，是指物理实体与其数字虚体之间的精确映射的孪生关系。实时硬感知正是一种践行数字孪生思想的感知模式。

根据感知方式、应用设备及感知数据类型等的不同，实时硬感知分为多种形式，如图 7-7 所示。

图 7-7　实时硬感知的形式

❑ 条形码：又称条码，是将宽度不等的多个黑条和空白，按照一定的编码规则排列，用以表达一组信息的图形标识符。条形码可以映射物品的生产国、制造厂家、商品名称、生产日期、图书分类号、邮件起止地点、物品类别、日期等信息，因而在商品流通、图书管理、邮政管理、银行系统等许多领域都得到了广泛应用。

❑ 二维码：又称二维条码，是黑白相间、按一定规律在平面（二维方向）上分布、用于记录数据信息的几何图形。二维码在代码编制上巧妙地利用了构成计算机内部逻辑基础的"0""1"比特流概念，使用若干个与二进制相对应的几何形体来表示文字和数值信息，通过图像输入设备或光电扫描设备自动识读以实现信息自动处理。它不仅继承了条码的技术优势，还可携带更多的信息，并增加了错误修正和防伪功能，安全性更高。

❑ 磁卡：磁卡是一种卡片状的磁性记录介质，利用磁性载体记录字符与数字信息，用作标识身份或其他方面。磁卡由高强度、耐高温的塑料或纸质涂覆塑料制成，能防潮、耐磨且有一定的柔韧性，携带方便，使用较为稳定可靠。例如我们使用的银行卡、地铁卡、公交卡等。

❑ RFID（Radio Frequency Identification，无线射频识别）：阅读器与标签之间进行非接触式数据通信的技术，可达到识别目标的目的。RFID 的应用非常广泛，典型应用有动物晶片、汽车晶片、防盗器、门禁管制、停车场管制、生产线自动化、物料管理。

❑ NFC（Near Field Communication，近场通信技术）：一种新兴的技术，可在携带设备（例如移动电话）彼此靠近的情况下进行数据交换，是由无线射频识别（RFID）及互连互通技术整合演变而来的，通过在单一芯片上集成感应式读卡器、感应式卡片和点对点通信功能，利用移动终端实现移动支付、电子票务、门禁、移动身份识别、防伪等应用。

❑ OCR（Optical Character Recognition，光学字符识别）：电子设备（例如扫描仪或数码相机）通过检测暗、亮的模式确定纸上打印的字符形状，然后用字符识别方法将形状翻译成计算机文字的过程；也就是针对印刷体字符，采用光学方式将纸质文档中的字符转换成黑白点阵的图像文件，并通过识别软件将图像中的字符转换成文本格式，供字符处理软件进一步编辑加工的技术。

❑ ICR（Intelligent Character Recognition，智能字符识别）：一种更先进的 OCR 技术，利用深度学习算法，采用语义推理和分析方法，根据上下文对未识别信息进行补全，弥补了 OCR 技术的缺陷。

❑ 传感器数据采集：传感器是一种检测装置，能感知到被测量的信息，并能将感知到的信息按一定规律变换为电信号或其他所需形式的信息输出，以满足信息的传输、处理、存储、显示、记录和控制等需求。根据基本感知功能，其通常可分为热敏元件、光敏元件、气敏元件、力敏元件、磁敏元件、湿敏元件、声敏元件、放射线敏感元件、色敏元件和味敏元件十大类。

❑ 工业设备数据采集：这里的工业设备主要指生产过程中使用到的阀门、开关、压力计等特定功能器件。要采集设备数据，我们需要依赖相关器件对应的仪表进行数据传输，有些则需要借助传感器完成相关数据的采集工作。

❑ 图像数据采集：将各种图像数据按一定原则和方法集中起来，并对其进行规格化和标准化的处理技术，包括指纹识别、人脸识别、虹膜识别等。

❑ 音频数据采集：声音是一种由物体振动而产生的波，当物体振动时，周围的空气不断地压缩和放松，并向周围扩散。人可以听到的声音频率范围是 20Hz～20kHz。音频数据的格式主要有 WAVE、MOD、Layer-3、Real Audio、CD Audio 等，音频数据采集常见方法有 3 种：直接获取已有音频、利用音频处理软件捕获声音、用麦克风录制声音。识别后的音频数据还需要进行对应的语音识别。

❑ 视频数据采集：一类特殊的数据采集方式，主要是对各类图像传感器、摄像机、录像机、电视机等视频设备输出的视频信号进行采样、量化等操作，从而转化成数字数据。

7.2 体系化指标管理能力

企业信息化的目标是在正确的时间将正确的信息传递给正确的人，以帮助管理者及时采取行动，进而做出正确的决策。而正确的信息需要通过语义化的数据来承载。承载的方式多种多样。如图 7-8 所示，语义化的数据可能是一段话，比如"某企业 2020 年预估利润总额 12 亿元，当月实现利润 3 亿元，本年累计利润 10 亿元，同比增长 6.15%"；也可能是一张表，通过结构化数据来表达各项信息。

某企业2020年预估利润总额12亿元，当月实现利润 3亿元，本年累计利润10亿元，同比增长6.15%

指标	组织	时间	本年预算	本月数	本年累计	同比增长率
利润总额	某企业	2020/10/31	1 200 000 000	300 000 000	1 000 000 000	6.15%

图 7-8 语义化的数据

在企业管理中，语义化的数据通常都有着错综复杂的关联关系，在各类分析场景中需要反复、频繁使用，在不同的场合以不同的口径展示。比如利润总额，它是各类收入扣减各类成本费用后得到的金额，任何一项收入、成本的变化都会影响利润总额。它在企业进行总体经营分析的时候需要体现，在各类财务报表中也需要体现。在不同的报告中，利润总额可能以不同的口径展示。比如，月度报告关注本月利润额、环比利润额，年度报告关注整年的利润、与年度预算的对比结果，进一步细粒度分析时会关注各地区、各单位、各行业板块的利润。

鉴于这种错综复杂的关系，以及针对不同场景下多样化的使用方式，我们亟待找寻一种高效的数据分析模式，在能够清晰管理数据关系的同时，进行灵活的分析。那么，梳理出一套体系化指标，是行之有效的方法。对于数据分析平台的指标分析功能来说，其需要具备指标体系构建能力和指标计算及关系管理能力。

7.2.1　指标体系构建能力

首先，何谓"指标"？顾名思义，指标就是指定的标准。从广义角度来看，指标分为定量指标和定性指标。定量指标可以用准确的数量进行定义，进而精确衡量设定的绩效目标。定性指标是指不能直接量化的指标，如运行效果评价为"优秀""良好""一般"，这类指标通常需要通过其他途径实现量化评估。接下来，我们重点探讨定量指标的构建能力。

1.指标的构成

在统计学中，指标是说明总体数量特征的概念及其数值的综合，又称为综合指标。可见，指标是由相关描述及数字组成的，分别对应指标的静态信息和动态信息。继续以图 7-8 为例，把语义化的数据转换为指标信息后如图 7-9 所示。

图 7-9　指标构成

- ❑ 静态信息是描述指标的信息，包括指标编码、指标名称、指标定义等基本信息，以及详细描述指标的属性信息，如指标周期、责任人、最新更新时间等。
- ❑ 动态信息则是指导我们了解指标、使用指标进行评估的信息，可以分为维度信息和度量信息。维度信息是细化指标的条件，最常用的维度信息是组织和时间，还可以包括细项的信息，如行业、区域等。度量信息则是指标的量化表现，如预算额度、当期发生、累计发生、同环比数据等，这些都是描述指标的量化数据。

2.系统化指标构建

指标的静态信息及动态信息需要通过数据分析平台提供的指标工具进行管理。指标工具对指标的基本信息进行完整的管理，以支撑指标的分析及应用。指标工具需要提供指标的创建、定义、修改、分享、复用、启用和停用等功能。其中，指标的定义包括对指标基本信息、度量信息、维度信息及属性信息的管理，如图 7-10 所示。好的指标工具还会提供批量导入、按模板创建等方式，以帮助企业快速构建指标体系。

图 7-10　指标定义示例

构建完成指标体系后，我们还需要对指标进行归类，以方便对其状态、更新等信息的查看。如图 7-11 所示，我们可以通过树形表格的方式来构建指标体系，并对必要的信息进行展示。

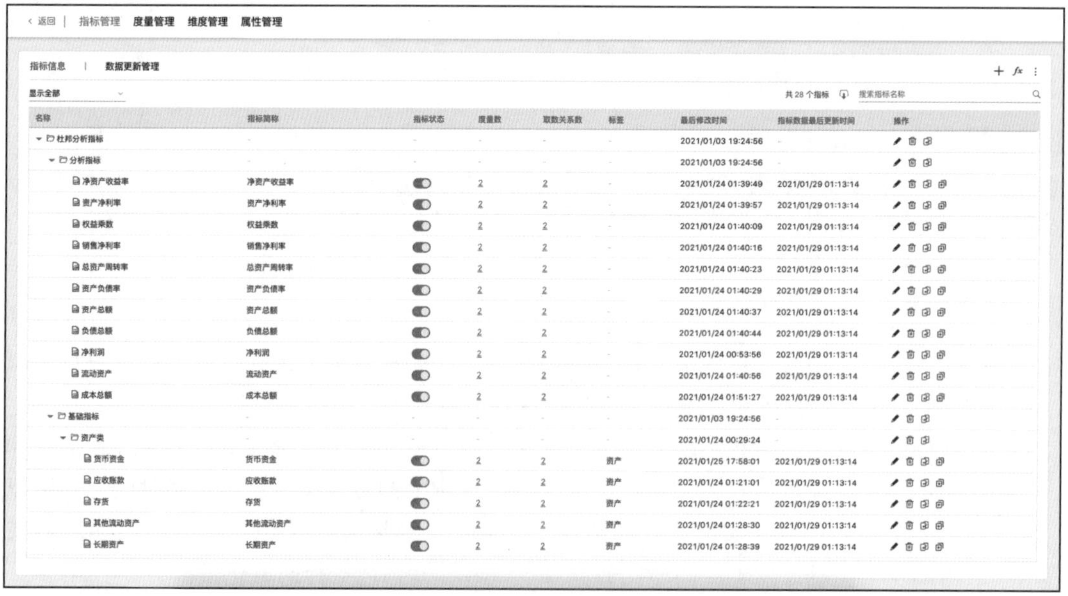

图 7-11　指标体系管理

7.2.2　指标计算及关系管理能力

之所以需要将数据转换为指标，最重要的一点就是实现指标之间的计算，并根据计算公式建立指标之间的血缘关系，以保证在数据分析时可以清晰追溯。随着技术的发展，充分发挥知识图谱在关系管理方面的优势，可以为新一代数据分析平台提供更深层、更便捷的计算及关系管理能力。

1. 指标取数计算

从 7.1 节介绍的多源化数据汇聚可知，所有的数据在分析工具中都可以用统一的数据模型进行承载，我们称之为数据模型（数据集）。那么，我们就可以从统一的数据集中获取数据。这样既保证了系统数据好管理，又为指标数据提供了便捷统一的设置方式。如图 7-12 所示，我们可以通过建立与源头数据集的关系，利用条件关系设置完成取数。

图 7-12　原子指标取数设置

如图 7-13 所示，对于派生指标，我们可以利用工具通过配置计算公式完成指标之间关联关系的建立，设置不同的筛选条件、按不同的度量信息设置不同的计算方式，满足不同的计算需求。

2. 指标关系管理

要实现指标追溯，数据分析平台首先需要具备管理好指标间关联关系的能力，其次是具备方便用户查询的能力，也就是追溯能力。图数据库的出现为解决此问题提供了很好的解决方案。它通过体系化、可配置化的指标管理工具带给用户更好的体验。相比代码化的指标管理方式，指标管理工具最大的优势就是将指标之间的关系白盒化，可以由业务人员直接建立指标间的血缘关系，进而通过系统功能直观展示指标之间的关联关系，并支持发现数据问题时实时追溯查询。通过此模式，数据分析、核对的效率大幅提升。

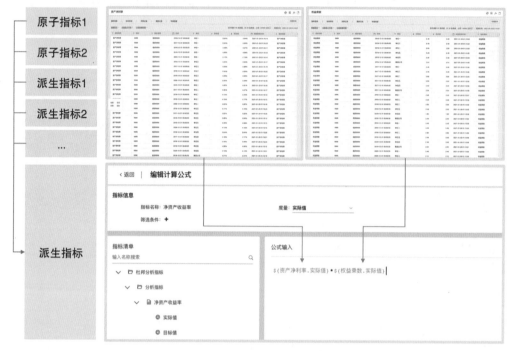

图 7-13 派生指标计算公式设置

我们这里强调指标的关系管理，且利用工具实现相对简单的图 7-12、图 7-13 所示的指标取数计算。但从实用性角度选择工具时，我们最看重的是是否能从纷繁复杂的指标关系中抽丝剥茧，并合理安排计算逻辑及更新顺序。

以财务中的净资产收益率指标为例，其数值需要利用各指标层层计算得来。如图 7-14 所示，淡蓝色标识的为原子指标，也就是可以直接从原始表（数据集）中直接取数的指标；深蓝色标识的则是派生指标，需要由其他指标计算得来。当指标数据需要更新时，要确保计算任务按一定顺序执行，否则无法保证计算出来的净资产收益率的准确性。图中箭头的方向代表各指标之间的依赖关系，各指标角标中的数字代表指标计算的顺序。通常，系统需要根据图中 1-2-3-4-5-6 的顺序执行计算任务，才能确保最终指标数据的准确。为了提升计算效率，我们可以利用图数据库的特性，快速识别指标间的计算关系，快速得出追溯到原子指标的计算公式，并将所有指标任务同时启动，并行计算，巧妙地解决需要等待上一指标数据写入后才能启动当前指标计算的问题。

在体系化指标关系管理的基础上，数据追溯就变得顺理成章。在查看每一个指标数据时，我们可以方便地通过图谱识别关联指标，进一步分析指标数据变动原因。

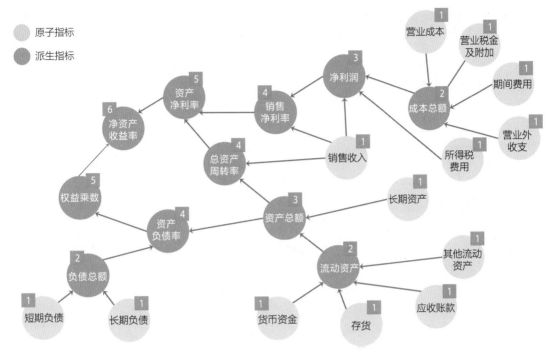

图 7-14　指标关系管理

7.3　可视化数据准备能力

据 IDC 预测，2025 年全球数据量将达到 163ZB。数据呈指数级增长，获取数据逐渐变得简单，但将数据转化为分析结果的效率总是不能让人满意。据统计，数据分析过程中大概有 80% 的时间会耗在数据处理上，要想快速有效地将各类数据转化为可以直接分析的数据，需要找到匹配的工具。

以往，大多数数据处理工作依赖 IT 人员，从数据处理的需求提出到真正满足实际分析需求，往往要经历多个环节。时间耗费过多不说，还可能由于沟通中信息丢失而使结果不尽人意。要想保证最后结果正确，业务人员就需要反复沟通。如图 7-15 所示，传统的数据处理模式给业务人员带来诸多不便，而且随着业务人员更多地参与到分析中，对分析产品的数据处理能力要求也更高。可视化、透明化的数据清洗及加工能力，数据链路管理及自动更新能力，成为数据分析平台必备的能力。

7.3.1　数据清洗及加工能力

目前，市面上已经有一些工具采用可视化的链路方式。通过这种方式，业务人员可以用拖拽方式完成数据的清洗、聚合、行列转换等操作。

图 7-15　数据处理的复杂沟通过程

结合第 3 章中介绍的数据清洗和加工的理论知识，如何利用工具实现数据清洗及加工？其实，数据清洗及加工主要包括如下几个操作：关联、聚合、并集、行转列、列转行、清理。对于这些操作，大多数 ETL 工具会提供，但是鲜有适合业务人员直接使用的工具。

举个例子，比如要对某汽车城各品牌的销售情况对比，寻找销售量高且利润高的品牌，以便明确后续销售方向。同时评价两个指标时，我们通常使用散点图，并配合四象限图来划分不同等级的数据。因各品牌汽车销量差异较大，评价利润时为排除销售量影响，我们可采用单位产品利润（利润 / 销售量）指标与销售量共同进行评价。而汽车的销售量受宏观经济影响较大，各年情况不尽相同，很难制定固定的销售量及单位产品利润标准值。为了保持较好的参考性，我们可考虑采用各品牌平均销售量及平均单位产品利润为评价标准。

原始数据如表 7-1 所示。

表 7-1　某汽车城各品牌销售数据

日期	品牌类别	指标	指标值
2019/12/31	品牌 1	销售收入	5 847 741.90
2019/12/31	品牌 1	销售成本	4 549 882.81
2019/12/31	品牌 1	销售量	29
2019/12/31	品牌 2	销售收入	7 984 716.40
2019/12/31	品牌 2	销售成本	7 126 479.82
2019/12/31	品牌 2	销售量	40
2019/12/31	品牌 3	销售收入	2 341 936.80
2019/12/31	品牌 3	销售成本	2 044 479.64
2019/12/31	品牌 3	销售量	12
2019/12/31	品牌 4	销售收入	19 886 947.60
2019/12/31	品牌 4	销售成本	16 570 251.33
2019/12/31	品牌 4	销售量	66
2019/12/31	品牌 5	销售收入	16 613 338.70
2019/12/31	品牌 5	销售成本	13 169 502.05
2019/12/31	品牌 5	销售量	42
…	…	…	…

最终希望得到的分析图表如图 7-16 所示。

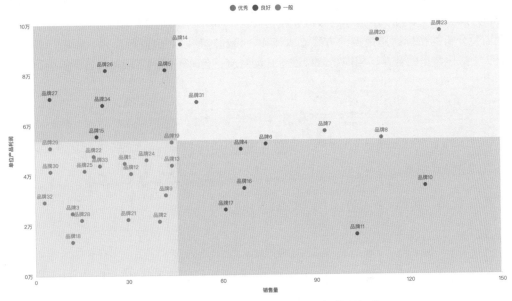

图 7-16　2019 年某汽车城各品牌销售情况矩阵

要得到最终希望看到的分析结果，原始数据需要进行转换。通常，我们在线下可以通过 Excel 加工处理，但如果有线上工具，可使数据处理事半功倍，且数据更新后能便捷获取最新的分析数据，无须重新处理。本案例中的数据处理思路如图 7-17 所示，包括指标数据筛选及合并、数据结构转换以满足指标计算、数据聚合及计算总体指标均值、将各品牌指标与均值对比以确定销售评价等级、最终结果输出几个步骤。抽象为数据处理过程则包括并集、行转列、聚合、关联、清理（指标计算、按规则确定评价等级、数据筛选等）等步骤。

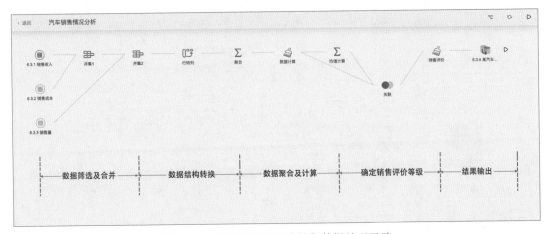

图 7-17　某汽车城各品牌销售数据处理思路

1. 数据筛选及合并

如上例，在进行汽车销售情况分析时，我们需要综合销售收入、销售成本、销售量指标进行分析，那么首先要将 3 个指标的数据合成一张表。如图 7-18 所示，借助可视化处理工具，只需把需要分析的指标通用拖拽的方式放入流程，再通过字段对应进行合并（并集），即可轻松完成 3 个指标数据的合并。相同字段可进行自动对应，名称不同的字段可通过手工进行对应。

图 7-18　数据合并

2. 数据结构转换

我们需要综合单位产品利润及销量指标数据来判定各品牌销售情况是"优秀""良好"还是"一般"，那么就需要计算出各品牌的单位产品利润，同时与销售量指标结合进行判断。此时，数据结构转换后更便于计算。

如图 7-19 所示，我们在第 3 章中也介绍过，左侧的图展示了行转列的处理逻辑，同样颜色的单元格数据表示行转列后的位置。在本案例中，我们需要将销售收入、销售成本及销售量数据分 3 列进行展示，以便计算，因此需要将原数据结构转换为图 7-19 右下角的效果。

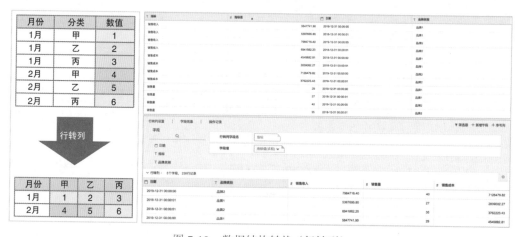

图 7-19　数据结构转换（行转列）

数据结构的转换方式还有列转行、行列互换。后面提到的聚合其实也是数据结构转换的一种方式。根据不同的数据场景，我们可以选取不同的转换方式。

3. 数据聚合及计算

由于销售情况采用各品牌平均销售量及单位产品利润为评价标准，那么首先需要将这两个数据作为评价标准计算出来。

单位产品利润 = 各年所有品牌产品的利润总额 ÷ 各年产品总销售量

首先需要汇总各年各产品的销售收入、销售成本和销售量的总额，将它们作为基础数据。如图 7-20 所示，通过选择年份、品牌类别进行数据聚合，完成数据汇总。

图 7-20　数据聚合

下一步，计算单位产品利润，通过新增字段录入计算公式。在设置界面选择对应的字段，录入公式 "（销售收入 – 销售成本）÷ 销售量" 完成各年各品牌单位产品利润的计算，如图 7-21 所示。除了普通的四则运算，一般的分析工具还会提供对应的函数计算方式，以满足各场景需求。

图 7-21　计算单位产品利润

在上述操作完成了基础数据的计算后，我们需要完成均值计算，这可以通过聚合完成。选择按 "年份" 进行聚合，聚合方式为 "平均值"，即可完成各年所有品牌单位产品利润及销售量的均值计算，如图 7-22 所示。我们可根据不同的情况选择计数、去重计数、求和、平均值、中位数、最大值、最小值等多种聚合方式，在有时间维度的场景还可以进行同比、环比值的相关计算。

| 聚合设置 | 字段信息 | 操作记录 |

字段

Q

T 年份	维度	年份
T 品牌类别	度量	单位产品利润(平均值) ▼	销售量(平均值) ▼
# 销售收入			移除
			计数
▽ 均值计算：3个字段，7行记录			去重计数

T 年份 ↓	# 单位产品利润_平均值	求和	# 销售量_平均值
2019	48 707.50	平均值	45.74
2018	76 087.07	中位数	34.53
2017	76 087.07	最大值	34.53
2016	88 293.08	最小值	49.88
2015	110 968.99	常规计算 ▶	48.35
2014	−14 112.89	高级计算 ▶	44.79

图 7-22　均值计算

4. 确定销售评价等级

在确定销售评价等级之前，我们需要对上述基础表和均值表进行匹配关联，将各品牌销售量、单位产品利润及所有品牌的平均值放在一个表中。如图 7-23 所示，以基础表（即图中标记为"数据计算"的数据表）为基准，以"年份"作为关联字段，与均值表（即图中标记为"均值计算"的数据表）中的平均销售量及平均单位产品利润进行匹配，完成关联操作。这种方式是左关联模式。根据不同的场景，我们可选择左关联、右关联、内关联、全关联等多种模式。

图 7-23　数据关联匹配各品牌数据和总体均值数据

准备好评价所需要的数据，下一步就可以完成评价了。当某品牌某年的销售量和单位产品利润均高于当年平均值时，销售评价为"优秀"；均低于当年平均值时，销售评价为"一般"；其他的情况的评价为"良好"。如图 7-24 所示，我们可以通过类似 MULTIIF 函数来实现条件判断，同时系统会自动判定评价等级。

形成最终的数据表之后，输出数据集，进一步进行可视化分析展示，最终形成类似图 7-16 的展示，直观展示各品牌的销售对比情况。

图 7-24　品牌销售评价等级判定

7.3.2　数据链路管理及更新能力

通过数据处理工具，我们可以以可视化的方式对数据处理链路进行管理，如图 7-17 所示。除此之外，对于企业级数据，还有一个非常需要关注的内容就是数据更新能力。这里的数据更新能力包括手动更新能力和自动更新能力。

- ❑　**手动更新能力**：针对数据链路中的每个一节点，在点击"查看"时更新单节点；对于整个数据处理过程，可手动触发整体更新。
- ❑　**自动更新能力**：针对单个数据处理流程设置自动更新策略，以便系统定时自动更新；针对多个数据处理流程设置组合更新策略，以便系统定时自动更新。

7.4　自助式分析展示能力

随着分析工具的不断升级，自助式分析变得更加方便和行之有效。有人把自助式分析方法比喻为哥伦布分析法，就像哥伦布在航海时希望发现新大陆，虽然有方向但并无具体目标，带有碰运气的成分，反而这种极大可能有惊喜发现。自助式分析工具正在帮助分析人员通过探索的方式挖掘数据价值，发现数据问题。当然，这并不是漫无目的的分析，而是在总结经验的基础上探索数据，通过数据的特征给以灵感，用数据说话，逐层揭开数据奥秘。

从自助式分析的展示能力来看，我们可以将其分为多维度图表分析展示能力、多表头表格分析展示能力以及多样化分析报告展示能力。

7.4.1　多维度图表分析展示能力

目前自助式分析工具大量涌现，操作模式略有差异，但总体来说操作模式大同小异。图 7-25、图 7-26、图 7-27 分别列示了主流的几类分析工具操作模式。

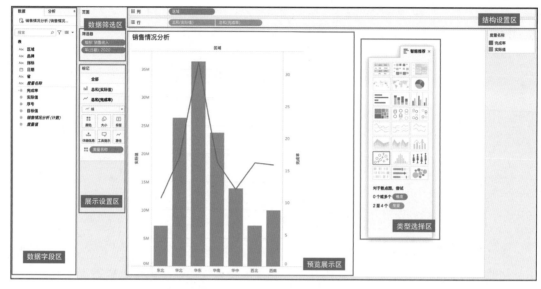

图 7-25 图表展示工具样例一

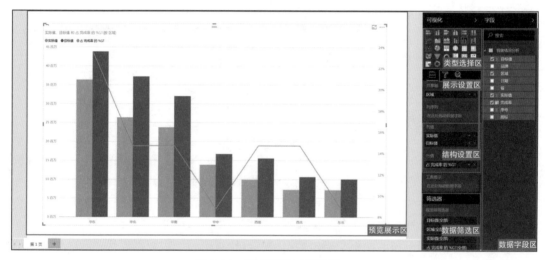

图 7-26 图表展示工具样例二

从上述 3 种结构来看,多维图表分析工具通常可以归纳为数据字段区、数据筛选区、结构设置区、类型选择区、展示设置区、预览展示区 6 个部分。我们可通过数据字段区选择数据、通过结构设置区确定分析内容、通过类型选择区确定图表类型,快速在预览展示区展示图表;在探索分析过程中,在数据筛选区不断地对数据进行筛选,在展示设置区对图表展示进行调整。

接下来,我们主要以图 7-25 所示模式来介绍上述 6 个部分的作用及使用方法。

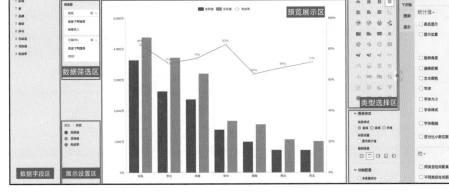

图 7-27 图表展示工具样例三

1. 数据字段区

数据存储结构可能多种多样，如多表头或其他复杂格式。为了规范统一、实现灵活便捷的可拖拽式多维度分析，我们通常会将数据转换为二维表格进行存储。图表分析工具则直接通过对接二维数据表进行分析。

数据字段区是对二维表格结构的最简单描述。选择数据之后，在数据字段区将二维表的所有字段列示出来，并分日期、字符、数值类型进行归类，以便于后续使用。如图 7-28 所示，日期型字段相对特殊，可以按年、季、月、日、时、分、秒进行不同粒度的分析；字符型字段通常作为汇总统计维度；数值型字段则是汇总统计和计算的对象，是分析中的主力军。

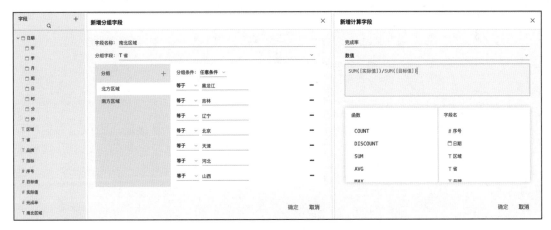

图 7-28 数据字段区

我们往往会发现，在真正进行最终分析时，即使经过数据准备阶段，仍然会存在数据冗余问题。为了让分析更加便捷，简单的数据加工可以让数据在图表分析工具中直接被处理，为分析人员提供最大的便利。

比如数据中已经存在"省"的信息，需要进一步区分南北区域，这无须通过专门的数据处理，可以直接通过重新分组来实现。再比如对于"完成率"指标，直接输入"SUM([实际值])/SUM([目标值])"，系统会根据不同维度进行计算。对于先加减再乘除的计算场景，需要一个非常庞大的立方体模型，将所有维度的数据都计算好供分析使用，会造成大量的数据冗余。这就是自助分析工具同步提供轻量级数据处理能力的必要所在。

2. 数据筛选区

通常，我们拿到的数据多数是大而全的宽表数据，所以需要根据不同的分析场景进行筛选。如图 7-29 所示，对于离散的文本型字段，可以通过直接勾选的方式选择需要筛选的数据；对于连续的日期型、数值型字段，可以分别通过日期区间、数值区间进行筛选。筛选时，我们还可以设置多条件筛选，并选择"满足全部条件""任意条件"来满足不同场景的分析需要。

图 7-29　数据筛选区

3. 结构设置区

结构设置区的目的是将二维表转换为适合图形展示的结构，是决定图表展示数据内容的重要部分。不同的分析工具在这个部分存在一定的差异性，不过主要的逻辑都是将数据字段分别设置为维度和度量，或是简单地分为行和列。无论哪种方式，基本逻辑都是异曲同工的。

图 7-30 所示是通过维度和度量设置来表示图表的结构，若所有图表类型遵循这种结构，便可实现图表之间的直接切换。通常，我们可以将日期型、字符型字段拖拽至维度设置区，数值型字段拖拽至度量设置区来进行分析。

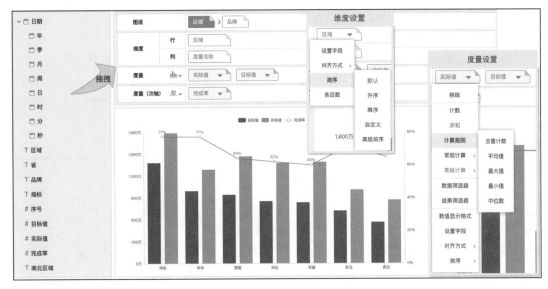

图 7-30　结构设置区

如图 7-30 中带坐标轴的双轴图，若是将"区域"字段拖拽至行维度，则代表图中的 X 轴分各区域显示；若是将实际值、目标值拖拽至度量，则可汇总展示各区域销售收入的实际值和目标值的情况；同时，因完成率通常以百分比形式展示，且数量级与实际值、目标值差异较大，则可通过"度量（次轴）"来展示。依此类推，每种图表都可以根据此种规则设置不同的展现方式。

在此基础之上，我们还可以进行重命名、排序、对齐方式以及显示排名等维度设置；选择不同的统计聚合方式，对数据进行更细粒度的筛选，设置度量名称、数据的对齐方式、排序等。

4. 类型选择区

在第 5 章中详细介绍过图表的类型，如图 7-31a 的思维导图所示。在可视化分析工具中，图 7-31b 所示便是图表类型的选择区域。结构设置区的字段拖拽完成后，系统根据维度、度量的个数，自动推荐合适的图表，以亮色显示，供分析者选择。同时，浮动信息告知各图表支持的行列维度、度量个数情况，以便分析者在选定的某个图表类型里快速调整结构设置区的内容。

5. 展示设置区

完成基础的图表设置后，接下来就是充分且美观地展示图表所表达的信息了，此时需要通过展示设置区对图表的细节进行打磨。

如图 7-32 所示，展示设置区包括图表颜色的设置、折线形状的设置，以及图表样式、功能、交互的设置。另外，好的分析工具还应该支持图表中如下内容的设置。

- ❏ 文字、统计值的大小、字体、颜色、样式、显示格式等。
- ❏ 坐标轴的样式、颜色、粗细等。
- ❏ 图例、提示信息的设计格式。

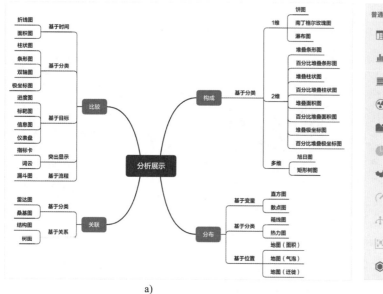

a)   b)

图 7-31 类型选择区

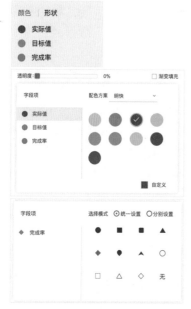

图 7-32 展示设置区

6. 预览展示区

随着工具的进步，拖拽式交互模式和实时图表展示成为可能，也使自助式分析模式得以实现。如图 7-33 所示，对多维度图表设置的每一次更改，都会在预览展示区实时展示，也就是说分析者在工具中修改设置，可在预览展示区及时获得反馈，这样可以最快获得最终展示结果。

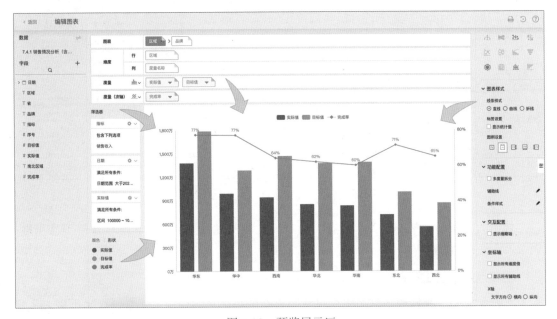

图 7-33　预览展示区

7.4.2　多表头表格分析展示能力

图形以非常形象直观的方式描述了数据的特征，也在数据分析大潮中越来越多地被人们所接受和熟识。而且，仍然有大量场景需要直观呈现具体的数值，所以表格仍是分析展示的重要形式。实际应用场景中，简单的二维表格提供的信息量较小，通常需要更多维度的信息来辅助说明，这就需要带有多表头的复杂表格展示。

从便捷性和灵活度方面来说，多表头表格可以分为"规律的多维度表格"及"灵活的中国式报表"，分别对应哥伦布式的探索分析及福尔摩斯式的侦探分析。

1. 规律的多维度表格

规律的多维度表格是指数据由规律的聚合方式展示。多表头模式以层层展开的形式展示，可以通过宽表模型直接汇总、统计数据。这种表格类似 Excel 的透视表。

借助上述多维度图表分析的实现模式，我们可以实现规律的多维度表格展示。如图 7-34 所示，通过拖拽方式设置行维度、列维度及度量信息，即可完成各维度可伸缩式表格制作。

年—区域—省	品牌1						品牌2				
	销售收入		销售成本		利润额		销售收入		销售成本		利润额
	实际值	目标值	实际值	目标值	实际值	目标值	实际值	目标值	实际值	目标值	实际值
2020	3,048.94万	3,856.01万	1,552.95万	2,230.59万	1,495.99万	1,616.42万	2,342.70万	3,180.14万	1,352.95万	2,139.59万	989.75万
东北	143.95万	201.58万	79.57万	131.03万	64.38万	70.55万	143.95万	201.58万	79.57万	131.03万	64.38万
吉林	53.68万	72.79万	28.39万	47.32万	25.29万	25.48万	53.68万	72.79万	28.39万	47.32万	25.29万
辽宁	69.42万	99.03万	37.62万	64.37万	31.80万	34.66万	69.42万	99.03万	37.62万	64.37万	31.80万
黑龙江	20.85万	29.75万	13.55万	19.33万	7.30万	10.41万	20.85万	29.75万	13.55万	19.33万	7.30万
华东	860.46万	1,009.36万	418.83万	620.68万	441.64万	388.68万	694.28万	843.36万	418.83万	620.68万	275.45万
华中	468.95万	494.01万	128.28万	191.19万	340.67万	302.82万	228.89万	294.14万	128.28万	191.19万	100.61万
华北	677.64万	906.07万	472.57万	552.44万	205.07万	353.62万	477.84万	696.07万	272.57万	452.44万	205.07万
华南	474.32万	640.54万	228.81万	416.35万	245.51万	224.19万	474.32万	640.54万	228.81万	416.35万	245.51万
西北	224.96万	293.35万	79.57万	125.68万	145.38万	167.67万	124.96万	193.35万	79.57万	125.68万	45.38万
西南	198.67万	311.11万	145.33万	202.22万	53.33万	108.89万	198.67万	311.11万	145.33万	202.22万	53.33万
2019	3,388.83万	3,508.63万	1,685.56万	2,295.11万	1,703.26万	1,213.52万	3,388.83万	3,508.63万	1,685.56万	2,295.11万	1,703.2…万
东北	168.65万	191.50万	83.40万	124.48万	105.25万	67.03万	188.65万	191.50万	83.40万	124.48万	105.25万
吉林	68.21万	69.16万	30.12万	44.95万	38.09万	24.20万	68.21万	69.16万	30.12万	44.95万	38.09万
辽宁	93.13万	94.08万	40.97万	61.15万	52.16万	32.93万	93.13万	94.08万	40.97万	61.15万	52.16万
黑龙江	27.32万	28.27万	12.31万	18.37万	15.01万	9.89万	27.32万	28.27万	12.31万	18.37万	15.01万
华东	1,281.09万	1,288.69万	658.29万	852.15万	622.80万	436.54万	1,281.09万	1,288.69万	658.29万	852.15万	622.80万
上海	115.32万	116.27万	58.19万	75.57万	57.13万	40.69万	115.32万	116.27万	58.19万	75.57万	57.13万
台湾	77.13万	78.08万	34.01万	50.76万	43.13万	27.33万	77.13万	78.08万	34.01万	50.76万	43.13万
安徽	171.48万	172.43万	75.09万	112.08万	96.39万	60.35万	171.48万	172.43万	75.09万	112.08万	96.39万

图 7-34　规律的多维度表格展示

规律的多维度表格绘制简单易行，通过轻松的拖拽就能实现。其虽然保持了易用性，但在灵活性方面有所欠缺。

2. 灵活的中国式报表

实际业务中，我们往往需要更加灵活、复杂的报表展示模式。通常，这类报表表头复杂、层层嵌套、信息量大，甚至明细数据、汇总数据、各口径数据都集中在一张表上。它们具有格式复杂及信息量大这两个显著特点，所以相对于国外的简洁报表模式而言，这类表格被称为"中国式报表"。

我们仍然以上述销售情况分析数据为例，在同一个表格中，想同时看到近五年的销售情况、各区域的销售额及各品牌的利润情况，通过简单的立方体模型很难实现，此时需要有灵活的表格。其除了包含类似 Excel 的自定义单元格信息、合并单元格、可直接在单元格中输入计算公式的功能以外，还具有根据系统数据灵活展示各维度变动信息的功能。这是一般的表格工具所不具备的。

如图 7-35 所示，中国式报表包括如下几个类型的设置。

- ❏ 键入文字直接设置。如行维度的"一、近五年销售情况""二、2020 年各区域销售情况"，列维度的"销售总体情况""各品牌利润情况"等，可以直接录入文字。
- ❏ 维度动态生成。如对于"年份""区域""品牌""指标"等维度信息，我们可以通过拖拽原表中的字段信息进行设置，然后由系统自动获取。
- ❏ 度量动态取数。如表体中间各年的各品牌情况，我们可以通过"销售明细表 . 求和（实际值）"来设置，然后由系统自动建立其与行维度、列维度之间的关系，进而生成不同维度的汇总数据。

- ❑ 自定义公式。除了通过行列维度自动获取计算的数据外，表格中还存在需要自定义公式计算的数据，如近五年合计数据，可以直接在单元格中设置计算公式，如 "=sum（C7）"。

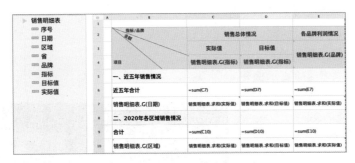

图 7-35　自定义灵活表格设计

图 7-35 所示的表格设计可以输出图 7-36 所示的报表数据。为了满足灵活性需求，这类报表在设计过程中通常需要逐项配置。这类报表更加适合相对固定的指标分析展示。

指标/品牌 项目	销售总体情况						各品牌利润情况				
	实际值			目标值			品牌1	品牌2	品牌3	品牌4	品牌5
	销售收入	销售成本	利润额	销售收入	销售成本	利润额					
一、近五年销售情况											
近五年合计	774486360.11	423131725.05	351354635.06	851395878.98	550264214.4	301311664.58	73023746.52	65961310.78	78271115.31	68137151.67	65961310.78
2020年	124646275.98	69647537.2	54998738.78	166071233.75	107979458.55	58091775.2	14959900.96	9897465.22	9897465.22	10346442.16	9897465.22
2019年	17012410.68	84278247.1	85846463.58	176204199.35	114755485.1	61448714.25	17032629.32	17032629.32	17715946.3	17032629.32	17032629.32
2018年	166295671.07	78251905.05	88043766.02	174512726.56	112342710.9	62170015.66	17272843.88	17272843.88	19160937.71	17064296.67	17272843.88
2017年	159719992.47	99978675.85	59741316.62	173080771.97	110352082	62728689.97	10410318.78	10410318.78	16164630.34	12345729.94	10410318.78
2016年	153699709.91	90975359.85	62724350.06	161526947.35	104834477.85	56692469.5	13348053.58	11348053.58	15332135.74	11348053.58	11348053.58
二、2020年各区域销售情况											
合计	124646275.98	69647537.2	54998738.78	166071233.75	107979458.55	58091775.2	14959900.96	9897465.22	9897465.22	10346442.16	9897465.22
东北	7197374.2	3978293.25	3219080.95	10078957	6551322.1	3527634.9	643816.19	643816.19	643816.19	643816.19	643816.19
华北	26330942.24	15628277.45	10702664.79	37208924.87	23622129.15	13586795.72	2050737.57	2050737.57	2050737.57	2499714.51	2050737.57
华东	36375683.52	20941353.1	15434330.42	43827780.59	31034046.05	12793734.54	4416364.1	2754491.58	2754491.58	2754491.58	2754491.58
华南	23716051.2	11440433.25	12275617.95	32026752	20817388.9	11209363.1	2455123.59	2455123.59	2455123.59	2455123.59	2455123.59
华中	13845044.92	6413913.15	7431131.77	16705620.79	9559493.2	7146127.59	3408676.93	1006113.71	1006113.71	1006113.71	1006113.71
西北	7247804.6	3978573.1	3269231.5	10667573	6283922.55	4383650.45	1453846.3	453846.3	453846.3	453846.3	453846.3
西南	9933375.3	7266693.9	2666681.4	15555625.5	10111156.8	5444468.9	533336.28	533336.28	533336.28	533336.28	533336.28

图 7-36　自定义灵活表格展示

7.4.3　出具多样化分析报告能力

图表是可视化报告的精髓，但一份优秀的报告不能只有图表，还需要体现数据分析逻辑，加以文字描述，这样才能形成有指导意义的展示报告。在不同场景下，报告的呈现形式不同，这就需要分析平台支持出具多样化分析报告。

1. 多端应用

分析报告应该可以在不同终端进行展示。不同终端的展示诉求和展示方式不尽相同。

❑ PC 端：通常用于日常分析和探索。

❑ 大屏端：随着可视化技术的发展，大屏逐渐成为可视化成果输出的重要途径，可将重要的指标以公开的方式展示给更多受众。

❑ 移动端：分析普及的同时带来随时随地掌握数据情况的需求，手机和平板成为搜索、查看数据的最便捷途径。

图 7-37 展示了多端应用示例。

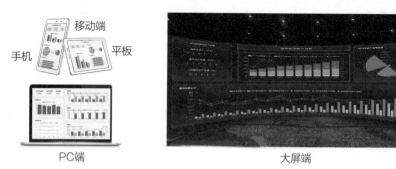

图 7-37　多端应用示例

2. 多布局模式展示

第 5 章提到报告分为展示型报告、汇报型报告及阅读型报告。那么在工具层面，其也需要支持各类型报告的创建。

（1）展示型报告

展示型报告多以图表展现为主，以清晰的层次结构来表达数据含义。大屏端的报告基本属于此类，移动端、PC 端相对固定展示的报告也属于此类。

如图 7-38 所示，展示型报告涉及的元素较多，通常需要底色及装饰元素搭配，并配合合理的图表设计模式才能得到美观的效果。这就要求工具要具有灵活的特性，且能提供内置的设计模板，支持通过图层管理各种元素，提供丰富的配置项以支持各种展示效果。

（2）汇报型报告

汇报型报告类似 PPT 模式，通常应用在 PC 端。这类报告的每一页都可以利用展示型报告的模式进行灵活配置。与其他报告的不同点在于，此类报告通常会加以文字说明，以辅助表达观点。

图 7-39 所示的报告通过分页的方式进行展示。公司经营情况分析是汇报型报告的主要应用场景。

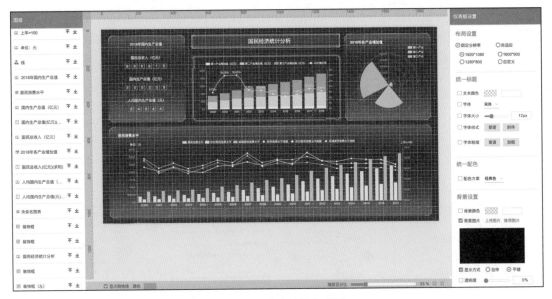

图 7-38 展示型报告配置

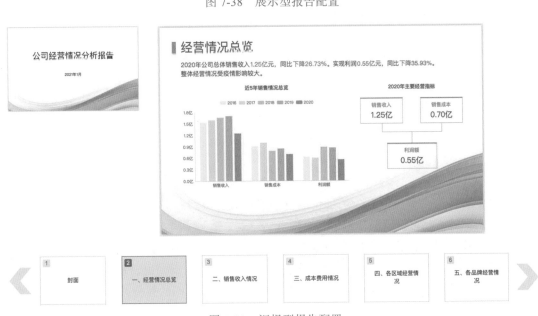

图 7-39 汇报型报告配置

（3）阅读型报告

阅读型报告更贴近于 Word 形式的报告。此类报告以文字为主，辅以图表说明。阅读型报告通常可以分为按期出具的定期报告和因特定事项发生而临时出具的专项报告，以 PC 端应用为主，可以发布至移动端随时查阅。

如图 7-40 所示，阅读型报告可以根据模板创建，如定期报告无须重新编辑，只要选择对应的日期，增加本期报告需要的特殊结论描述，就可以快速出具。若每月报告格式无变化甚至可以一键出具。此类报告的构建工具需要兼顾可复制性与灵活性，支持通过快速拖拽方式构建数值标签、文本标签及图表，满足不同期报告的需求，同时为专项报告提供有效、实用的构建方式。

图 7-40　阅读型报告配置

7.5　可管理的模型构建能力

高可复用性是大型企业分析场景建设及拓展智慧管理的一个关注重点。对于数据分析来说，我们把具有高可复用的模板称为模型。

大型企业一般会设置专门组织去梳理模型，但这些专门组织梳理的模型往往都是线下模型，基本不会形成统一的管理模型，这就带来了模型信息不畅通、复用难度大等问题。构建可管理的模型能更好地推动企业各部门、各分/子公司之间的智慧共享，更好地营造数据文化和碰撞创新管理思路。

对于系统级模型，其包括构建、沉淀、管理及使用等多个环节。其中，模型的构建包括数据汇聚时的元数据管理、数据处理时的过程管理、指标体系构建、算法模型搭建以及分析成果输出等环节；模型的沉淀即将构建好的模型抽象为包，之后可以上架至模型库，或导出形成离线文件；模型的管理则是形成模型资源目录，对上架的数据进行分类管理，通过标签归类并设置模型管理权限；模型的使用则是用户在模型库中直接调用或通过离线文件直接导入模型，将自身需要分析的数据导入并与模型数据源表进行匹配，快速复用模型，达到最终分析目标。

从模型管理涉及的环节和管理的具体对象来讲，我们可以将分析模型分为数据模型、指标模型、算法模型和展示模型。平台可以采取统一的模式，比如统一的门户展示、统一的权限管理体系，同时针对不同的模型提供个性化的管理能力。

7.5.1　数据模型构建能力

在一定领域内，我们通常可以总结出一些共性数据字段及相关数据标准，这就是元数据信息层面的数据模型，也是通常意义上最容易理解的数据模型。除了标准的元数据信息，这里提到的数据模型还可以包括 ETL 和可视化数据加工模型。通过系统的抽象和管理，我们能够更好地总结与复用模型。

如图 7-41 所示，工具支持按主题分类的元数据模型及数据处理模型进行管理。元数据模型包括数据表信息、字段信息及数据规则。它更侧重于领域化、场景化数据的管理，对数据进行约束和规范，省去重新分析和梳理的工作。数据处理模型则是对在系统中准备数据的完整过程的抽象。各环节处理过程、数据关系的管理及数据更新顺序可借助图数据库实现。分主题的数据处理模型可由图模型及每个节点的数据加工过程共同组成。

图 7-41　数据模型

数据模型构建时，我们原则上应该充分考虑其全面性、唯一性和可复用性。这些在实际操作中很难实现，难点在于可复用性和时效性的平衡。通常情况下，优先让时效性满足分析诉求。

7.5.2　指标模型构建能力

指标模型是 7.2 节介绍的指标管理体系的抽象。指标的链路管理与数据处理模型的管理异曲同工，也可通过数据图谱的模式实现。图 7-42 展示的是以杜邦分析模型为例的指标体系模型。我们可按不同的标签构建不同类别的指标模型，以供具体分析使用。

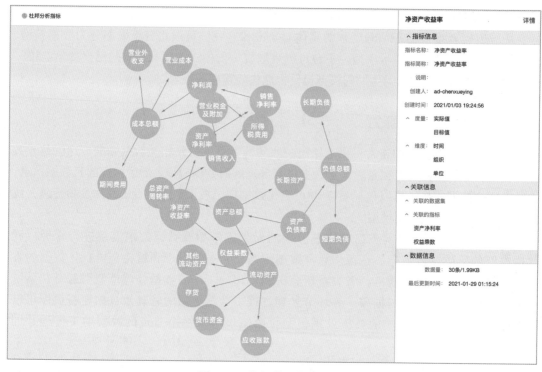

图 7-42 指标体系模型示例

关于指标体系模型的具体应用案例，8.3 节将详细阐述。

7.5.3 算法模型构建能力

相对数据模型和指标体系模型而言，算法模型专业性要更强。通用的算法模型通常会封装在底层技术平台进行管理，大型分析平台如阿里云提供在线算法流程编辑工具。但这类工具通常适用于专业的数据分析师或算法工程师，甚至数据科学家，因此目前在一般的企业级智能数据分析平台中还较少有实际应用。

即便如此，企业级智能数据分析平台仍然需要对算法模型进行管理，只是可以考虑更加友好的面向企业级更广泛用户的模式，根据场景进行分类打包，如类似资金预测算法模型、日利润预测模型、电价预测模型、喷氨预测模型等。对于算法模型的应用，各企业或企业各级单位在实际应用过程中需要花费较多的时间进行调试，因此很难构建万能的模型。但是，对于大多数场景，经过大量的实践应用，我们可以抽象出通用部分的模型，因此这类模型的管理还是非常有价值的。

算法模型构建工具在提供封装算法的同时，需要提供可调参的模式。算法模型的提炼比其他几类模型的提炼都要困难，通常这种情况下可以通过对不同语言程序提供参数设置来解决，如可以对 R 语言、Spark、Python 等提供不同层面的参数设置。

7.5.4　展示模型构建能力

　　展示模型存在的意义主要有两点：一是与数据模型、指标体系模型、算法模型组合，将这三类模型的分析结果更直观地表达出来；二是提供更多的分析思路，汇聚各级单位、各级人员的智慧，碰撞出更好的火花，为寻求更优的管理思维提供支撑。

　　展示模型不能单独存在，可以绑定数据模型，或绑定指标体系模型，还可以融入算法模型。图 7-43 展示的是企业级分析模型的管理模式，通过资源目录进行分类管理，借助图谱展示模型以可视化的方式直观展示。在模型库中，我们可预览模型了解详情，并可添加模型，对接要分析的数据，高效实现分析场景的搭建。

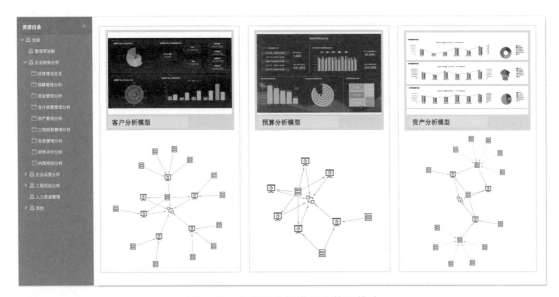

图 7-43　企业级分析模型的管理模式

　　展示模型通常用于集团企业同类型平级单位之间的数据展示分析，激发企业内部数据分析创新。

7.6　智能化搜索推荐能力

　　说起搜索，大家第一反应会想起百度、Google 等大型搜索引擎。近些年来，随着信息爆炸，人们在查找资料、获取知识的时候已经离不开搜索功能。互联网大潮涌来，电商走在了时代的前列，在商品搜索和推荐方面技术的应用已经非常成熟。但是，对于传统企业来讲，很多企业还在为"找数据"发愁，即使做了大量的数据汇聚、加工及分析工作，仍然会存在数据使用效率低下的问题。它们也开始着手研究自然语言查询（NLQ）、自然语言生成（NLG）等概念，希望对于纷繁复杂的各部门、各环节的数据分析，也能"变得像搜索一样简单"。

"让数据分析变得像搜索一样简单"，简单的一句话涵盖了分析平台强大的技术支撑，但也不必望而却步。了解其原理之后，我们会发现还是切实可行的。本节讲述的智能化搜索推荐，包括智能数据搜索推荐能力、智能问答语义解析能力及智能文本生成能力。

7.6.1 智能数据搜索推荐能力

企业级用户要实现数据好用，需要对数据分门别类管理，可采用统一的实现框架，但针对不同的数据需要有不同的展现方式。

1. WolframAlpha

如图 7-44 所示，WolframAlpha 是沃尔夫勒姆研究公司开发的新一代的搜索引擎，提供问答式知识搜索。它支持搜索数学、科学技术、社会文化、日常生活等各类数据，根据键入内容的不同，自动判断，并进行相应的应答。

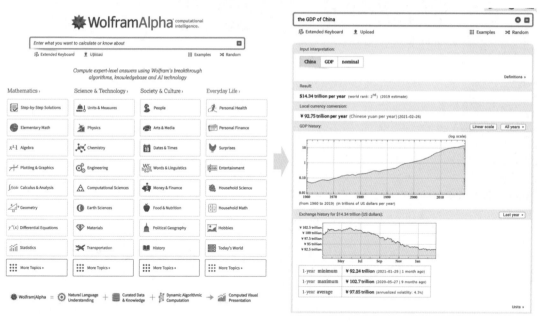

图 7-44　WolframAlpha 智能搜索

如图 7-45 所示，搜索 How high is Mount Everest（珠峰高度是多少），除得到具体的高度外，还能得到高程图等地理信息；输入 Steve Jobs（乔布斯）可以得到其生平介绍；询问 What is D-sharp major（什么是 D 大调）不仅可以得到对应乐谱还可以听到声音。

WolframAlpha 积累了 30 多年的知识，创建了这个网站，在通用知识领域给出了一个很好的范本。回归到企业数据分析，其涉及的数据类型多种多样。借鉴 WolframAlpha 的思路，企业可以建立符合自己需求的搜索工具。

图 7-45　WolframAlpha 各类型搜索

2. 财务管理方面的实践

在智能搜索方面，我们也曾经做过一些实践。比如我们将视角聚焦到财务管理方面的数据，对不同的数据做相应的智能搜索应用。

我们在财务领域最关注的要属财务报表数据，可以搜索财务报表的名称，对各期间的财务报表进行查询，导出、下载，如图 7-46 所示。

图 7-46　财务报表数据搜索

　　除了整表查询外，我们还实现了更实用的财务指标数据查询。前面的章节也介绍过梳理好的指标体系要得到利用，需要通过搜索来实现。如图 7-47 所示，查询资产总计信息，可以直接通过搜索模式，比如输入对应指标，系统会通过数据筛选功能进一步精确查询具体指标，以卡片的形式展示各单位、各期间指标的各口径数据。对于查询到的指标，我们可进一步穿透，追溯指标变动原因，进一步进行因素分析。

图 7-47　财务指标数据搜索

　　对于财务人员信息来说，其因涉及的类型多，卡片展示更为合适。如图 7-48 所示，系统识别出搜索的信息为人名时，可以迅速查询人员简历。

　　上述财务报表、财务指标、财务人员数据搜索都是在财务领域的应用案例。企业可以借助此种模式，建立适合自身业务的搜索引擎，例如对于工程项目可以随时查询其执行情况、项目进度、相关费用等信息，对于资产设备可以查询其基本信息、地理位置、照片、运行情况等相关信息，对于人员可以查询其简历并可关联查询对应组织信息，等等。

图 7-48　财务人员信息数据搜索

3. 必备的推荐算法

要做好数据搜索，我们需要借助标签管理、用户画像及协同过滤等推荐算法实现。

❑ 标签管理。为了实现更精准的定位、搜索，标签是必不可少。如 3.2.3 节所述，标签分为事实标签、模型标签和高级标签。在搜索场景中，事实标签一部分来源于录入，比如在数据管理、数据处理、分析场景构建过程中，可以为系统中的元素打标签；另外一部分来源于系统判断，如指标计算公式修改后但数据未更新，系统自动标记为"可能异常的数据"，又如每个数据的被搜索频次、被点击次数、被收藏和评论次数等。对于使用搜索的用户来说，我们可以通过机器学习等方式获取其行为特征，如通过平常使用最多的数据、指标，推断其更关注财务相关的数据，那么可以给这个用户打上一个"财务"标签，将财务相关的搜索结果权重加大；更深层的可以推断用户群体、分析能力等，并打上对应标签，这种标签目前在电商等互联网企业里应用较多。

❑ 用户画像。用户画像需要建立在数据标签基础之上。我们通过模型标签及高级标签相结合，可以形象地绘制出用户特征，形成用户画像。通过用户画像与数据匹配，我们能够更精准地完成搜索及推荐。

❑ 协同过滤。协同过滤是最经典、最常用的推荐算法，包括收集用户偏好、找到相似的用户或数据、计算并推荐三个步骤。协同过滤建立在有相对完整的用户画像和标签系统的基础之上。协同过滤通过将不同的行为进行分组，计算不同用户及数据之间的相似度，比如"搜索该数据的人还搜索了什么数据""评论该数据的人还评论了什么数据"等；通过加权的方式将用户对数据操作的各种行为进行降噪、归一，获得用户及数据之间的评分表。在此基础上，通过计算数据的相似度，完成用户下一次搜索时的过滤与推荐。

7.6.2　智能问答语义解析能力

比数据搜索推荐更进一步，对于分析系统而言，出具图表是有规律可循的。为了使数据探索更加便捷，智能问答开始进入分析人员的视野。

ThoughtSpot 在 2019 年冲入 Gartner 魔力象限的领导者象限，其最吸引人的亮点功能就是智能问答。如图 7-49 所示，如在搜索框中键入一段文字，系统即可自动绘制一张分析图表。

图 7-49　英文智能搜索示例

自 2018 年起，国内也逐步涌现出一些以中文搜索为主的产品，但近两年才真正被企业的管理者所关注。接续上述销售情况分析案例，如果想看一下 2020 年各区域销售收入目标值和实际值的对比情况，仅需直接键入这段文字，系统会自动进行自然语言解释并进行图表匹配，根据推荐算法按不同权重展示可能需要的图表，如图 7-50 所示。

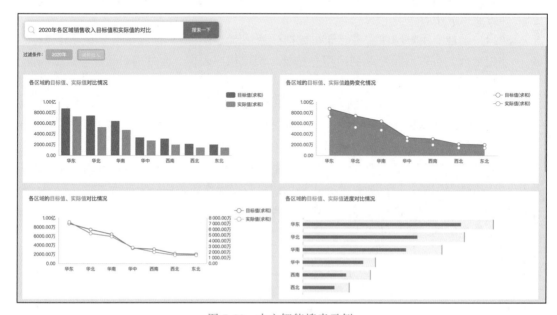

图 7-50　中文智能搜索示例

智能问答的图表展示需要经过输入问题、找表、数据预处理、问题解析、图表匹配及结果返回几个步骤，如图 7-51 所示。其核心环节涉及自然语言处理及数据匹配。

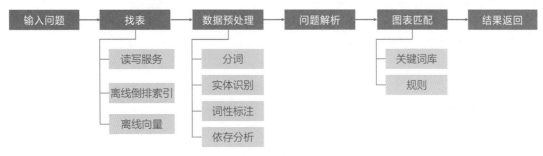

图 7-51　智能问答语义解析流程

1. 自然语言处理

自然语言处理（Natural Language Processing，NLP）是计算机科学领域与人工智能领域的一个重要方向，主要研究能实现人与计算机之间用自然语言进行有效通信的各种理论和方法。自然语言处理是一门集语言学、计算机科学、数学于一体的科学。

在智能问答中，首先需要对问题进行分词、词性标注、命名实体识别和句法分析，提取出一系列问题要素并送到后续问题解析模块。图 7-52 列出了目前使用较广泛的 HanLp 自然语言解析工具相关功能。

多语言分词	词性标注	命名实体识别	格式转换	信息提取
CRF分词	HMM标注	中国人名识别	繁体转简体	新词发现
索引分词	CRF标注	日本人名识别	简体转繁体	关键词提取
N-最短路径分词	感知机标注	机构识别	汉字转拼音	短语提取
NLP分词	深度学习标注	地名识别		自动摘要
极速词典分词		音译人名识别		
标准分词		深度学习命名实体识别		
深度学习分词				
自定义词典分词				

句法分析	文本处理	文本聚类	Word2vec
依存句法分析	文本分类	自动推断聚类数目	词语类比
深度学习依存句法分析	情感分析	K-means聚类	文档相似度计算
深度学习语义依存分析	文本推荐	Repeated Bisection聚类	语义距离
			与某个词语最相似的N个词语

图 7-52　HanLP 自然语言解析工具相关功能

通过这类工具，我们可以对文本进行解析。例如输入"2020 年各区域销售收入目标值和实际值的对比"，系统自动进行分词、词性标注、命名实体识别、句法分析、文本分类及语言角色标注，如图 7-53 所示。

图 7-53 TexSmart 文本理解示例

2. 数据匹配

经自然语言识别、解析后的数据，通常会形成多个词汇。这些词汇需要经过数据匹配才能返回最终结果。数据匹配包括两个步骤：一是找表，二是图表匹配。

❑ 找表。系统中存在大量的可分析数据，要让机器自动出具图表以展示需要的内容，首先要在大量的可分析数据中找到需要分析的表或哪些表中的数据。这需要进行精确匹配，即优先匹配元数据信息、标签，再进一步获取数据信息；如果精确匹配没有找到表，需要进行模糊匹配寻找最优表。其中，系统需要进行相似度计算，比如问题中信息是"销售额"，第一张表中存在信息"销售金额"，第二张表中存在信息"销售员""金额"，那么应该优先找到第一张表，当未找到时寻找第二张表。

❑ 图表匹配。在确认分析对象后，根据自然语言解析结果，将问题与待分析的表字段及内容进行匹配。目前，比较实用的做法是直接转换为一段 SQL 语句，根据 SQL 语句直接进行图表展示。

延续上例，通过自然语言解析找到"销售情况明细"表，并将其作为分析对象。将自然语言解析后的词语与分析表的字段和内容进行对应，识别出 2020 年、销售收入并将其分别作为筛选项，将区域作为分析维度，将目标值、实际值作为度量，默认以求和的方式对目标值和实际值进行计算。系统根据大量的用户行为数据展示可知，这类结构的数据以柱状图展示最优，那么优先推选柱状图为展示方式，同时将其他可展示的图形作为备选。这样就形成了图 7-54 的搜索推荐结果。

7.6.3 智能文本生成能力

即使我们提供了便捷的自助式分析工具，出具分析报告仍然需要大量人工参与。如何在没有固定模板的情况下更便捷地出具分析报告，逐渐成为我们追求的目标。目前，智能文本生成技术已经能够实现新闻的编写，并逐渐应用在行业研究报告自动生成领域，如图 7-55

所示。目前，企业级的智能文本生成技术还处于仅在某些专业领域应用的阶段，仍需要大量的经验积累及模型优化，才能更深入和广泛地应用。

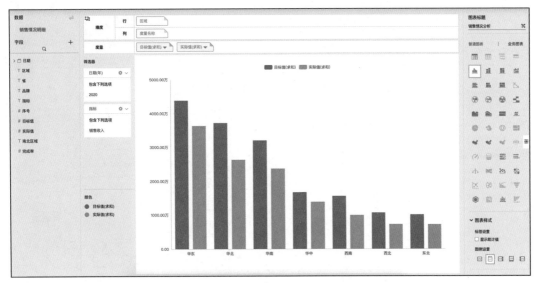

图 7-54　数据匹配后的图表结构

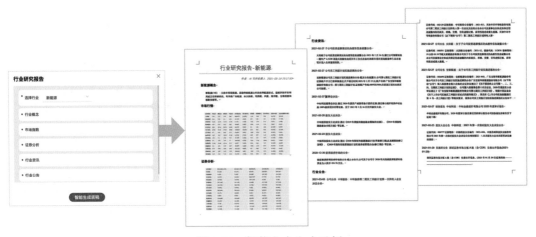

图 7-55　智能文本生成示例

7.7　本章小结

本章通过数据分析平台应具备的六大能力和相关产品案例的介绍，阐述了分析平台应具备的要素，为各组织的智能数据分析平台建设提供一些参考思路。平台具备这些要素后，如何在实际数据分析中应用呢？第 8 章将从中选取部分重要能力，通过实践案例进行详细介绍。

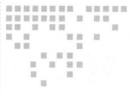

Chapter 8 第 8 章

智能数据分析平台应用
案例及实践

上一章介绍了数据分析平台的构建需要具备的工具及要素。那么，智能数据分析平台最终在各行业是如何应用的，本章将以政府宏观经济分析、电商企业运营与管理和集团企业经营管理为例进行详细阐述。

总体来讲，各项目都逃不开数据汇聚、数据管理、探索分析和智慧共享几个方面，但每个项目都会有其侧重点。由于篇幅有限，本章通过政府宏观经济大数据仓库介绍数据汇聚、数据标准及宏观经济相关场景实践；通过电商运营与管理分析平台介绍用户行为分析及商品推荐；通过集团企业经营管理数据分析平台介绍指标管理、自助分析、多端应用在管理中的应用。

8.1　政府宏观经济大数据仓库

宏观经济是宏观层面的国民经济，包括一国国民经济总量、国民经济构成、产业发展阶段与产业结构、经济发展程度等。宏观经济分析涉及经济发展、社会民生、生态环境、基础设施、科技创新、政务服务等方面。

宏观经济大数据仓库建设包括基础设施层、存储计算层、应用支撑层、业务交互层的建设，以及指导整个平台建设的数据标准及规范，如图 8-1 所示。本章主要就数据汇聚、数据标准及规范、主题分析做重点介绍。

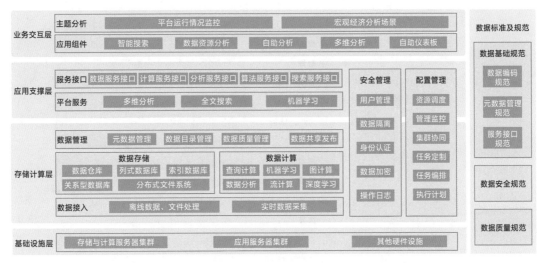

图 8-1　宏观经济大数据仓库总体架构

8.1.1　宏观经济数据汇聚

政府宏观经济分析所需要的数据大致可分为 3 种类型：政务数据、社会数据及网络数据。政务数据由政府机关业务产生，如财政收支、专利授权数量等，由于各部门间存在数据壁垒，需要通过政务共享、服务交换、下级上报等方式获取。社会数据一般通过接口、收集统计并录入等方式获取。社会数据一方面包括各大权威机构的数据，如世界银行、IMF、OECD 公布的世界发展指标数据，第一财经、万得公布的上市公司信息等；另一方面包括通过调查问卷收集的数据。网络数据则包括类似舆情数据、电商相关的数据等，需要通过自建爬虫或商业购买的方式获取。这些数据的接入都可以使用第 7 章提到的各类连接器完成。

如图 8-2 所示，宏观经济大数据仓库涉及的数据信息包括经济发展、就业和社会保障、财政、资源和环境、能源、对外经济贸易、运输、邮电、金融、科技、教育、卫生和社会服务、文化旅游和体育、公共管理等方面。到具体的政府部门建立数据仓库时，它们可能会选择性地对其进行重分类。

8.1.2　数据标准建立

要想建立数据仓库，实现政府各部门内部数据共享、政务数据公开透明，就需要建立数据标准，以保证共享数据、公开数据清晰可用。

首先了解一下国家标准，截至 2021 年 8 月，国家标准化管理委员会在国家标准全文公开系统中共收录强制性国家标准 2 064 项、推荐性国家标准 38 211 项，如图 8-3 所示。

图 8-2 宏观经济数据汇聚

图 8-3 国家标准全文公开系统中收录的国家标准

政府机构建立数据标准时，需要在国家标准基础上，结合自身业务需求综合考量，最终制定出合理的标准规范。从需要重点关注的内容来看，数据管理标准规范可分为数据基础规范、数据安全管理规范及数据质量管理规范。

1. 数据基础规范

数据基础规范包括数据编码规范、元数据管理规范、服务接口规范等。

（1）数据编码规范

数据编码是指在分类的基础上，给科学数据赋予具有一定规律性、计算机容易识别与处理的符号。GBT 7027—2002《信息分类和编码的基本原则与方法》中提到，编码方法包括有层级的线分类法、彼此独立的面分类法及两者相结合的混合分类法，如图 8-4 所示。

数据编码离不开编码规则。常用的编码类型如图 8-5 所示。

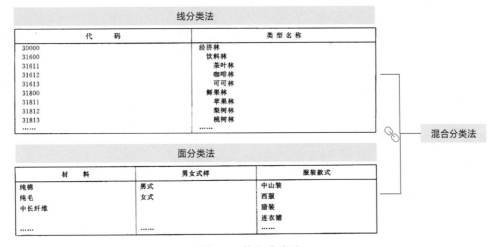

图 8-4　信息分类法

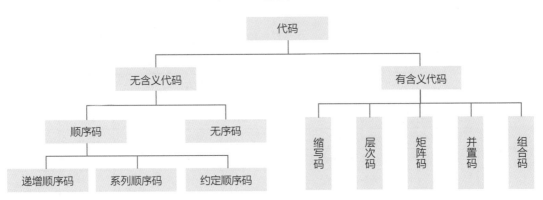

图 8-5　编码类型

结合信息分类方法和编码类型，我们可设置多级组合编码作为统一的数据标准。图 8-6 所示为某政府宏观经济大数据仓库设计时统一制定的 9 级 20 位编码规范，分别以字母码、数字码规范了数据的存放、归属、数据类型等信息，如基础库中的安全生产监督管理局的信息资源编码为：DL010102010201010001。

第1位	第2位	第3位	第4位	第5位	第6位	第7位	第8位	第9位	第10位	第11位	第12位	第13位	第14位	第15位	第16位	第17位	第18位	第19位	第20位
一级编码		二级编码		三级编码		四级编码		五级编码		六级编码		七级编码		八级编码				九级编码	
字母码		数字码		数字码		数字码		数字码		数字码		数字码		数字码				数字码	
DL（基础库）		01 政务数据		01 政务信息共享网站		01 部门		01 省改发委		01 部门资源		01 财政局		0000（空）				0001 危给化学品经营许可证	
DW（主题库）		02 网络数据		02 大数据管理平台		02 地区		01 **市		02 区县资源		01 **区		01 **安全生产监督管理局				0002……	
DM（业务库）		03 社会数据		03 ……				02 **市				02 **县		02 **县……				0003……	

线分类法　　　　　　线分类法

面分类法

编码示例：基础库中的安全生产监督管理局的信息资源编码为DL010102010201010001

图 8-6　编码标准案例

（2）元数据管理规范

元数据管理规范在内容方面包括统一数据目录、规范命名、规范数据标签及规范数据描述等；在用途方面包括管理属性、标识属性、附加属性等。

对于元数据管理规范，我们需要明确元数据的名称、定义、约束、出现次数及数据类型。其中，约束表示此属性是否为必选项；出现次数是一个属性出现多少次的描述符，0:1表示不出现或出现1次，0:n表示不出现或出现n次，1:1表示出现且仅出现1次，1:n表示出现1次或多次；数据类型描述取值的类型，包括字符型、字符串型、数字型、日期型等。

以某政府宏观经济大数据仓库的元数据管理规范为例，其主要包括表8-1所示的属性。元数据管理规范定义相对通用，不同的政府、企事业单位或其他组织可根据自身管理要求进行选用和扩展。比如不同组织的资源目录、资源标签的约束条件和出现次数可能不同，需根据自身需求增加批准单位、批准时间等管理属性。在这些属性中，资源目录的代码、标识符的具体设定方式，需要遵循数据编码规范。

表 8-1　元数据管理规范示例[注]

类　型	名　称	定　义	约　束	出现次数	数据类型
管理属性	责任单位	对资源的完整性、正确性、真实性等负有责任的单位的名称	必选	1:1	字符串
	发布日期	资源提供方对资源进行发布的日期	必选	1:1	日期
	资源目录	对资源的归类	必选	1:1	字符串
	资源标签	资源涉及的分类主题，便于数据查找	可选	0:n	字符串
	更新频率	在资源配置初次完成后，对其进行修改和补充的频率（包括定期、不定期和实时）	必选	1:1	字符串
	资源说明	资源内容的简单说明	必选	1:1	字符串
标识属性	标识符	在一个注册机构内，由注册机构分配的、与语言无关的元数据的唯一标识符	必选	1:1	数字
	中文名称	赋予数据元的单个或多个中文字词的指称	必选	1:1	字符串
	英文名称	赋予数据元的单个或多个英文字词的指称	必选	1:1	字符串
	同义名称	一个元数据在应用环境下的不同称谓	可选	0:n	字符串
	定义	元数据含义的描述，表达一个元数据的本质特性并使其区别于所有其他元数据的描述，特别明确的可省略	可选	0:1	字符串
	数据类型	表示不同类型的元数据值的集合。可能的实例为字符、序数、实数、比例数、二进制数、有理数	必选	1:1	字符串
	数据格式	从应用角度规定元数据值的格式需求，包括所允许的最大或最小字符长度、元数据值的类型和表示格式等	必选	1:1	字符串

㊀　参考资料：《SDS/T 2132—2004 数据元标准化的基本原则与方法》

(续)

类　型	名　称	定　义	约　束	出现次数	数据类型
标识属性	版本	在一个注册机构发布的一系列逐渐完善的元数据规范中，某个元数据规范发布的标识	必选	1∶1	字符串
	状态	元数据在其注册的全生存期内所处状态的标示	必选	1∶1	字符
	字符集	不同的字符集所定义的汉字长度是不同的。字符集包括 UTF-8、ASCII、Unicode 等	可选	0∶1	字符串
	代码集	表示某个属性相关联的代码集，如性别、身份证件类型等	可选	0∶1	字符串
附加属性	备注	对元数据元素的补充，与元数据相关的补充，如特别的注释、举例等	可选	0∶1	字符串

（3）服务接口规范

服务接口应遵循如下原则。

1）安全可靠性原则：接口设计应采用具有良好的安全性和可靠性策略，支持多种安全而可靠的技术手段，制定严格的、安全可靠的管理措施。

2）开放性原则：提供开放式标准接口，保证与其他系统的互联互通。

3）灵活性原则：提供灵活的接口设计，便于接口的变动。

4）可扩展性原则：支持新业务的扩展、接口容量与接口性能的提高。

服务接口规范通常包括接口开发规范、接口使用规范及接口说明文档规范。

接口开发规范应包括接口的设计原则、接口方法、接口要求、接口请求参数要求、返回数据参数要求以及状态码要求等。其中，针对设计原则需要提到的是，为保证接口服务系统发生故障时不影响部门的业务系统使用，接口需要具有松耦合性及可扩展性，如图 8-7 所示的模式。

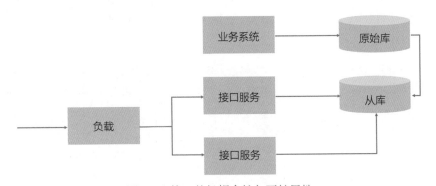

图 8-7　接口的松耦合性与可扩展性

接口使用规范则包括接口申请流程、调用说明、资源使用方法、认证加密机制、请求参数、返回数据参数、状态码等。其中，较重要的环节为规范接口申请流程。图 8-8 所示为接口申请流程示例。

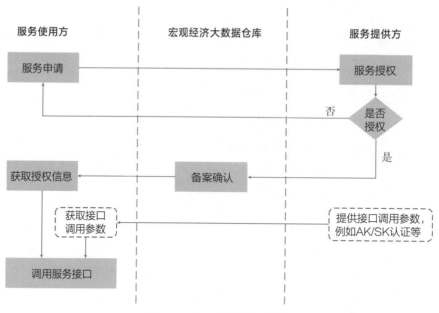

图 8-8　接口申请流程示例

接口说明文档规范是要求资源提供方在注册接口时提供详细的接口使用说明的文档，具体内容应包括接口概述、接口访问限制、接口参数说明、接口调用实例等。

2. 数据安全管理规范

《"十三五"国家政务信息化工程建设规划》中提出，建设国家公共数据开放网站，形成统一的门户服务、数据开放管理、安全脱敏、可控流通等功能；在政务信息资源目录基础上，形成政务数据资源开放目录，编制政务数据开放共享标准规范……宏观经济大数据仓库作为公共数据开放网站的重要支撑，数据安全尤为重要。数据安全所涉内容如图 8-9 所示。

图 8-9　数据安全所涉内容

数据安全包括数据存储安全、数据传输安全、数据监控安全及数据应用安全。其中，存储安全、传输安全、监控安全为技术层面的安全，信息化系统处理方式大同小异。这里我们重点介绍数据应用安全。

数据应用安全包括应用访问控制、数据查看权限、数据使用权限，如图 8-10 所示。应用访问控制指的是系统的应用功能访问权限；数据查看权限是针对具体数据的可视权限，包括数据表的查看权限、行级数据权限；数据使用权限是在查看权限的基础上，有添加、使用、分析数据的权限。对于宏观经济大数据仓库的应用功能、数据，我们需要建立权限体系规范，确保数据安全。

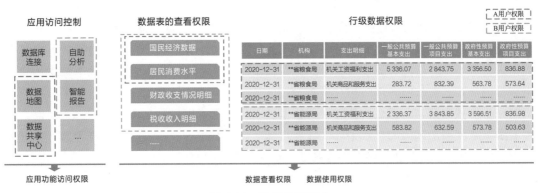

图 8-10 数据应用安全

3. 数据质量管理规范

数据质量的好坏直接影响数据分析结果。制定数据质量管理规范，是建设数据分析平台的重点内容。检查数据时，我们需要关注的问题包括数据的完整性、唯一性、一致性、准确性、合法性和及时性。图 8-11 所示为数据质量管理流程示例。

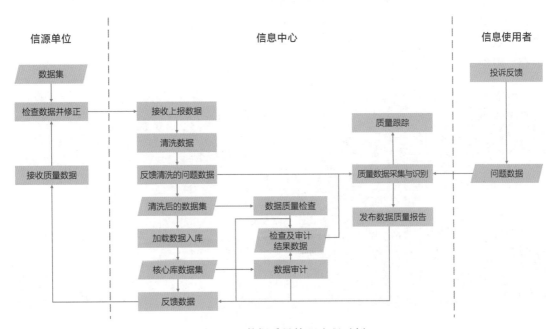

图 8-11 数据质量管理流程示例

8.1.3 平台运行情况监控

为了确保宏观经济大数据仓库正常运行，我们除了要对关注的数据进行实时监控，还需要对运行环境进行实时监控。

1. 数据实时监控

数据实时监控包括对数据的数量、类别分布、贡献情况及使用情况的监控。

数据的数量包括数据表的个数、数据条数、数据大小等。类别分布是根据业务情况对数据进行分类，并研究各类别数据量的分布情况，大部分场景中以数据表的个数来体现各类数据的分布。在政府各部门相对独立运行的情况下，领导层需要先通过行政手段、考核机制来推动数据共享。那么，各部门的数据贡献情况则可以作为其考核依据，后期也是一种激励贡献度高的部门的有效手段。数据贡献度高，实际是否真实能为政府各部门有机运作带来价值，需要通过数据活跃度来判断，这就是数据的使用情况分析。

2. 运行环境实时监控

运行环境指为保证数据分析平台正常、高效运行涉及的环境相关系数，如机房温度等环境信息，系统运行过程中 CPU、内存、硬盘的使用情况等。这类监控数据通常通过大屏的方式可视化呈现，但需要设置预警阈值，以便超标时及时报警提示检修。这类信息监控可以结合物联网相关技术，如温度感应器等。

政府机构如此，其实对于企业和其他组织同样适用。如图 8-12 所示，以某政府宏观经济大数据仓库全景分析为例，以关注的重点指标出发，将数据监控及运行环境监控在同一个大屏中展示，以便同时关注两类信息。政府通过监控政务数据、社会数据、网络数据的数量、数据分布、增减情况、质量情况等，实时掌握各类数据信息，同时监控平台的 CPU、内存、硬盘等资源的使用情况。

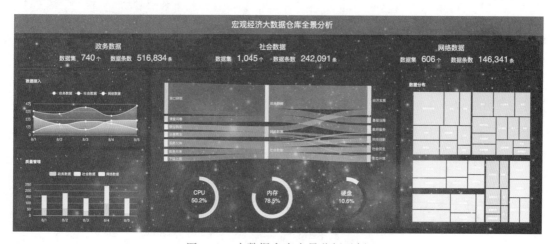

图 8-12　大数据仓库全景分析示例

8.1.4　宏观经济分析场景

宏观经济分析场景包括经济发展、财政、教育、就业等方方面面。下面以国民经济总体情况、商品房销售情况、人才市场情况分析为例来做简单的介绍。

如图 8-13 所示，对于国民生产总值、国内生产总值、居民消费水平等方面的整体趋势分析，第一、第二、第三产业的分类分析，城镇、农村居民消费水平的差异分析等，我们可以使用较固定的看板模式。

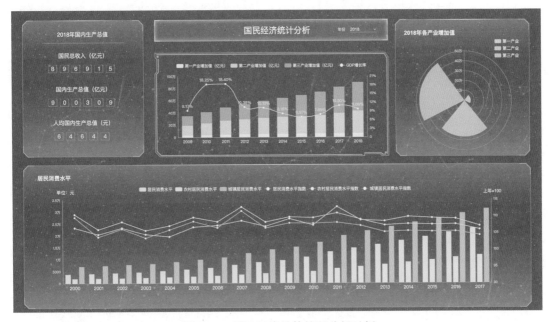

图 8-13　国民经济总体情况分析示例

如图 8-14 所示，研究商品房销售情况时，我们可以通过面积信息研究现房、期房的对比情况及销售趋势，进一步细化至地区、省市进行分布分析。通过散点图的分布，我们能迅速掌握各省的期房、现房销售的差异性及分布情况。对于这类分析，我们可能跟随市场的变化而变化，例如一段时间关注期房和现房的对比，另一段时间可能关注新房和二手房的对比；分布情况也可能基于具体的研究对象进行细化，如具体研究某省内各城市的商品房情况。指标、分类信息变动较大时，我们可以采用较灵活的带自助分析功能的看板，以便根据业务需求随时调整。

如图 8-15 所示，我们统计招聘信息时，需要关注某一时段内各行业、各区域招聘分布情况。这类分析通常时效性较强，可采用报告形式，由研究员在系统内直接出具，并在一定范围内进行发布，方便相关人员查阅。政府机构发布的研究报告多可采用这类形式。

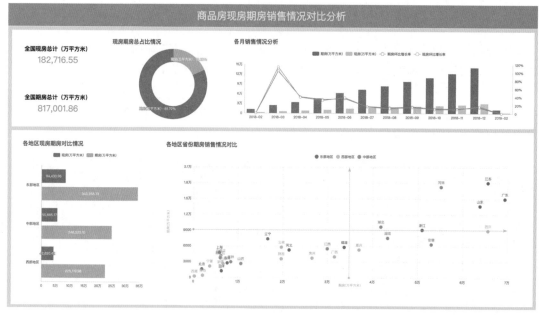

图 8-14　商品房销售情况分析示例

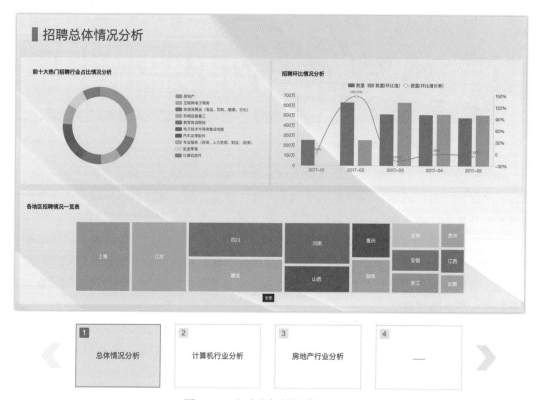

图 8-15　人才市场情况分析示例

8.2　电商运营与管理分析平台

电子商务（以下简称"电商"）是互联网爆炸式发展的直接产物。相比传统的贸易形式，它天然继承了互联网的开放性、全球性、低成本、高效率等特点。以互联网为依托的电子技术平台，为传统商务活动提供了广阔的发展空间，正改变着企业原来的生产、经营、管理活动，并且影响着整个社会的经济运行与结构。

目前，电商已经逐步成为一种产业模式，是在网络环境和大数据环境中基于一定技术形成的商务运作和盈利模式。其运营过程最离不开的便是数据分析。电商企业更加关注在贸易过程中如何通过提升用户交易体验、刺激用户消费来实现销量的指数级增长，因此对实现此目标的一系列技术手段尤为关注。我们可以从多个角度建立不同的电商模式，包括 B2B（Business to Business，企业对企业）、B2C（Business to Consumer，企业对消费者）和 C2C（Customer to Customer，消费者对消费者），还有新型 B2Q 模式（Enterprise online shopping introduce Quality control，企业网购引入质量控制）、BoB 模式（Business-operator-Business，供应方与采购方通过运营者达成产品或服务交易）。本节以 B2C 模式为例进行阐述。

按照电商企业关注的主体内容不同，我们可以将电商企业运营与管理分析分为与人物相关、与货品相关、与场所相关 3 个板块，这其实对应零售分析的基本模式"人货场"。"人"简单的理解是消费者和店员，在电商中就是用户及客服，其本质是流量；"货"指的是被销售的货品，需要关注的是从物品到商品的转换过程；"场"是指发生交易的场所，对于线下零售来说是商场、超市、门店等，对于电商来说就是各大电商平台。

图 8-16 所示为每个层次需要关注的详细指标。

接下来，对于"人货场"，我们将从用户行为分析及商品推荐、货品发售及库存安排、销售情况实时监控 3 个方面进行详细阐述。

8.2.1　用户行为分析及商品推荐

相比实体店面，电商更注重"量"。因此，如何吸引更多的用户参与购买，是其关注的重点。互联网技术的发展让线上销售模式不断推陈出新。从"双十一"购物节，到"直播带货"模式的兴起，近乎疯狂的销售增长模式的背后离不开对用户数据的分析。随着电商销售模式逐步成熟，用户行为分析及商品推荐也形成了一套相对标准的模式。我们先来了解几个概念。

- ❑ PV（Page View）：访问量，即页面浏览量或点击量。在一个统计周期内，用户每打开或刷新一个页面就记录 1 次，多次打开或刷新同一页面则浏览量累计。
- ❑ UV（Unique Visitor）：独立访客，统计 1 天内（0:00～24:00）访问某站点的用户数（以 cookie 为依据）。访问网站的一台电脑客户端为一个访客。
- ❑ 转化率：指在一个统计周期内，完成转化行为的次数占推广信息总点击次数的比率。计算公式为：转化率 =（转化次数 / 点击量）× 100%。转化率因涉及环节不同而不同。

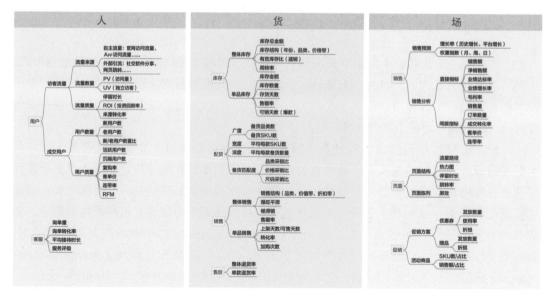

图 8-16 电商分析相关指标

对于单个商铺而言，上述指标可以形成固定的模式被实时查看。如图 8-17 所示，我们可以将年度、月度、当日 PV、UV 以及月度、日度趋势设置为固定的看板，随时监控分析。通过与历年数据的对比，我们可以在一定程度上预测产品销售情况。如图 8-17 中的案例，受新冠肺炎疫情影响，2019 年年前备货带来的访问量的激增（橙色曲线出现峰值）在 2020 年并没有体现（蓝色曲线相对平缓），可推测销量受到较大的影响。

图 8-17 某店铺访问情况分析

除了从用户访问情况来了解和推测销量的变化，电商更关注的是这些访问最终是否有效，因此要对转化率进行分析。对于整体店铺的实际转化率，我们可以使用图 8-18 的方式进行分析。从进入店铺、访问商品详情、加入购物车、确认订单到支付，才是真正有效的一笔交易。完成交易的用户如能完成评论，尤其是好评，又能进一步促进后续订单的成功交易。

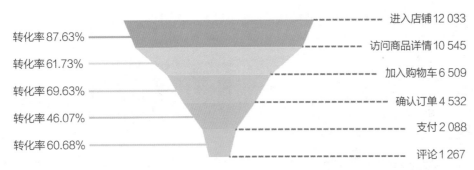

转化率 87.63%	进入店铺 12 033
	访问商品详情 10 545
转化率 61.73%	加入购物车 6 509
转化率 69.63%	确认订单 4 532
转化率 46.07%	支付 2 088
转化率 60.68%	评论 1 267

图 8-18　某店铺所有商品总体转化率

对于不同的产品，我们可以对比其 PV、UV 数据及转化率，通过此方式来决定各产品后续宣传方式甚至去留。如表 8-2 所示，通过各商品的指标数据，我们可看出编号为 JD-BX0002、ZS-DJ0004 商品的转化率较高，那么推测其宣传方式有效，或许对其他商品有参考价值，或者本身为畅销品值得发展为明星产品。

表 8-2　某店铺用户行为明细表

商品编码	浏览量（PV）	访客数（UV）	加购买家	支付买家	支付转化率	评论买家
JD-BX0001	21 839	8 686	870	85	0.98%	45
JD-BX0002	11 877	4 701	471	148	3.15%	125
JD-BX0003	19 151	7 610	762	77	1.01%	40
JD-BX0004	18 047	7 169	718	73	1.02%	38
JD-BX0005	18 009	7 154	816	93	1.30%	38
ZS-DJ0001	27 971	11 138	1 115	313	2.81%	158
ZS-DJ0002	37 933	15 123	1 513	152	1.01%	77
ZS-DJ0003	17 895	7 108	712	172	2.42%	87
ZS-DJ0004	27 857	11 093	3 110	512	4.62%	257
ZS-DJ0005	17 819	7 078	709	72	1.02%	37
……	……	……	……	……	……	……

用户行为分析的结果是商家了解店铺情况的有效途径，但最终还要以提升商品的销量为目标，这就需要用到我们在第 4 章中介绍的协同过滤方法。应用到实际案例中，最终的呈现效果如图 8-19 所示。在电商平台首页，系统根据用户最近的行为自动推荐用户可能感兴趣的商品，待进入店铺后通过销量榜、收藏榜、新品榜等榜单进行推荐，同时通过协同过滤方法在"猜你喜欢"模块进行推荐，在具体单品详情页面底部进行相似产品推荐。

图 8-19 某电商平台的商品推荐

8.2.2 商品发售及库存安排

根据历史销量情况及上述用户行为分析结果，商家需要安排库存。不同的是，上述用户行为分析更多的是针对某一电商平台的分析。对于在多个平台上架商品的商家，在商品发售及库存安排时需要整体考虑。商品发售及库存安排需要针对不同类型的产品或具体产品明细分别进行，因此我们更多会采用表格的方式统计和安排。同样，我们先来了解几个概念。

- ❑ SKU：最小存货单位，又称最小库存管理单元，即库存进出计量的基本单元。
- ❑ 动销率：店铺在销售商品的品种数与经营商品总品种数的比率，反映了进货品种的有效性。
- ❑ 售罄率：用于衡量在一定时间内，一批货销售多少比例才能收回成本。假设一批货已经收回成本，剩余存货就可进行折扣销售，之后的销售收入即可视为公司纯利润。

我们可通过各品类的库存数量、销售数量估算剩余库存。SKU 数、加购数量、动销率和售罄率可以对后续进货比例提供指导依据。如表 8-3 所示，某店铺空调动销率为 100%，说明所有规格的空调均有销量，且销售数量大、售罄率处于中等水平，可考虑加大进货量；灯具虽然销量较高、售罄率很低，但其售出率较低，且动销率低，需要进一步分析具体规格灯具的销售情况，对于无销量的产品采取促销措施，并适当减少甚至放弃再次进货。

表 8-3　某店铺第一季度各品类商品库存分析表

品　类	库存数量	SKU 数	加购数量	销售数量	预计剩余库存	动销率	售罄率
冰箱	3 839	35	2 870	1 870	1 969	90.50%	50.50%
空调	3 877	28	3 471	3 471	406	100.00%	60.70%
洗衣机	4 151	40	2 762	1 762	2 389	78.87%	80.50%
电视	5 047	32	1 718	718	4 329	98.50%	40.30%
灯具	9 009	45	5 816	2 816	6 193	60.57%	33.50%
……	……	……	……	……	……	……	……

8.2.3　销售情况实时监控

各大电商平台已经形成规模，对于零售企业来说，借助成熟平台进行销售是最有效的途径。此处所述的销售情况实时监控，指的是在各大电商提供的平台通用数据基础上，加工输出总体销售情况分析。

图 8-20 所示为某家电装修类企业在各大电商平台投放的商品的销售数据，以及各品类商品在各大电商平台的分布情况。

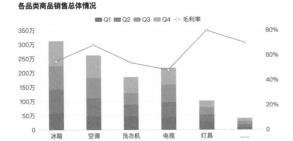
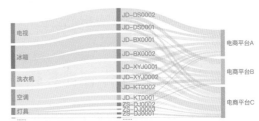

图 8-20　某家电装修类企业在各大电商平台的销售情况分析

在掌握整体销量的同时，为了敏捷响应市场变化，店铺需要对各类商品的详细销售情况进行实时掌握。因商品类型较多，其同样可采用表格的方式进行分析，如表 8-4 所示。这里同样补充几个概念。

- ❑ 客单价：每个买家购买商品的平均金额，即销售额除以成交买家数。客单价不同于笔单价通过订单笔数计算，其关注点侧重于买家用户。
- ❑ 支付转化率：指在所选时间内，支付买家数除以访客数，即访客转化为支付买家的比例。
- ❑ 销售额：在所选时间内销售商品获得的收入。销售额 = UV × 支付转化率 × 客单价。

在表 8-4 中，店铺可通过对毛利率进行比对，来评价各商品的获利情况；同时结合访客数、支付转化率、销售额及相关成本数据，进一步客观地评价并及时调整后续销售运营策略。

表 8-4 某店铺第一季度各商品销售情况分析

商品编码	访客数（UV）	支付转化率	客单价	销售额	货品单价	销售数量	存货成本	销售成本	毛利率
JD000001	8 686	0.98%	5 400	459 000	5 100	90	201 550	5 000	55.00%
JD000002	4 701	3.15%	6 500	962 000	6 500	148	302 840	5 000	68.00%
JD000003	7 610	1.01%	8 000	616 000	8 000	77	278 360	5 000	54.00%
JD000004	7 169	1.02%	6 000	438 000	6 000	73	222 760	5 000	48.00%
JD000005	7 154	1.30%	7 000	651 000	7 000	93	359 560	5 000	44.00%
ZS000001	11 138	2.81%	1 000	313 000	500	626	95 160	5 000	68.00%
ZS000002	15 123	1.01%	850	129 200	646	200	40 220	5 000	65.00%
ZS000003	7 108	2.42%	980	168 560	980	172	37 140	5 000	75.00%
ZS000004	11 093	4.62%	700	358 400	700	512	66 680	5 000	80.00%
ZS000005	7 078	1.02%	580	41 760	522	80	5 440	5 000	75.00%
……	……	……	……	……	……	……	……	……	……

相比其他行业的数据分析，电商的数据分析处于相对领先地位。目前，各大电商平台提供了相对成熟的数据接口。有电商业务的企业可先借助接口减少工作量，再结合自身需求搭建自己的数据分析平台。有能力搭建自有电商平台的企业也可以参考成熟电商平台的模式来构建平台架构及数据分析模式。综合型企业则可以将电商数据与线下销售数据进行组合分析，立体、多维度分析企业整体的商品销售情况。

8.3 集团企业经营管理数据分析平台

随着数字化转型的推进，互联网企业领先建立了数据分析平台。目前，集团企业已经将建设数据分析平台作为企业发展的重要事项，有的选择自行搭建，有的选择引入有经验的厂商进行搭建。

集团企业经营管理者要比其他岗位接触更多的数据，并要对数据具有相对高的敏感性。但是，往往由于数据分散、难以获取、无有效工具等，分析效率较为低下。智能数据分析平台在集团企业经营管理中发挥的最重要的作用就是让数据获取更便捷、让分析效率更高、让业务人员参与度更高、让数据处理过程更透明。

8.3.1 分析平台门户

企业管理者需要站在整体视角，纵观全局的同时随时了解各单位的具体情况。因此，他们自然少不了一个全局展示的分析平台门户。门户需要对日常管理数据进行监控，在此基础上结合各类分析工具满足多变的分析诉求，同时提供智能化的手段以便实现更快速、更精准的分析。图 8-21 列举了一个简单的门户示例。

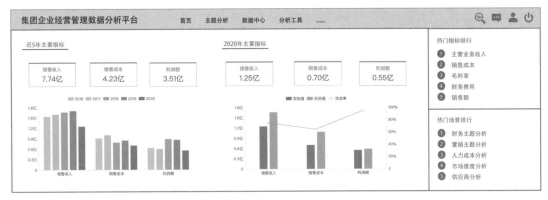

图 8-21　集团企业经营管理数据分析平台门户示例

为了满足终端分析者的使用需求，平台门户需要丰富的架构给予相应的支撑。图 8-22 所示为集团企业经营管理数据分析平台的总体架构示例。各企业可参考并根据自身情况搭建符合自身需求的架构。

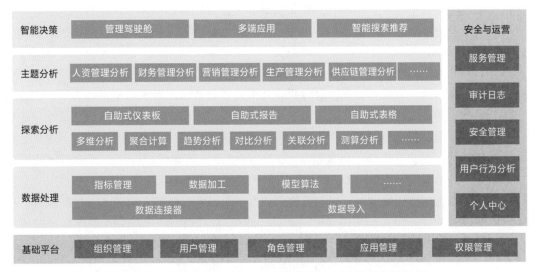

图 8-22　集团企业经营管理数据分析平台门户总体架构示例

该架构主要包括基础平台、数据处理、探索分析、主题分析及智能决策，以及贯穿整个系统的安全与运营板块。之前的章节介绍过诸多关于系统功能方面的内容，本节重点就如何构建经营管理指标体系、主要场景构建方法及如何通过企业内部的共享真正实现探索分析、智慧经营及智能搜索等方面进行介绍。

8.3.2　经营管理指标体系构建

第 7 章就指标体系的理论知识做了简要介绍，现在我们来探讨一下，对于集团企业经营管理来说，应该如何具体构建指标。本节将通过杜邦分析模型，介绍指标体系构建的原则、方法等内容。

1. 指标体系构建原则

从定义本身来看，指标是针对某个场景提炼的关键评判维度；从整个企业管理角度来看，指标又有其使用的广度、深度及复杂度。因此，通常情况下，指标体系的制定更多是自上而下的。

构建指标体系的目的是帮助企业在管理、监控、决策方面做到有理有据，逻辑清晰。构建指标体系需要遵循如下原则。

❑ **量化数据**。无论定量指标，还是定性指标，都需要通过量化后的数据进行体现。为了帮助大家理解量化数据的必要性，这里举个例子。当你拿到一份体检报告，上面写着"心跳听起来比较快，血压看起来有些高，血液有些黏稠，肺部看起来不太健康……"，是不是很抓狂？但是，如果一份报告中用明确的数字标注了心率、舒张压和收缩压、血糖浓度、肺部阴影大小及位置，这时你的感受是否完全不一样了？清晰的量化数据首先让体检者能正视自己身体的各项问题，对存在问题的程度有正确的了解，如果偏离正常指标水平不高，那么在平常生活中注意一些就可以了，如果有较大的偏离则需要及时采取正确的治疗方案。

❑ **目标明确**。明确指标的管理意图是非常重要的。比如，对于整个企业来说，会关心销售收入及各类成本情况，会分析企业的经营效益，此时利润额就成为评价企业盈利能力的一项管理指标；企业为了更好地创收，需要调动销售人员的积极性，那么开票金额、回款金额则可作为销售人员的考核指标，进而推动销售收入的增长。再如，为了提高升学率，学校需要推动老师更负责任地任教，那么可将班级的平均分、升学率作为老师的考核指标。以上均是目标明确的指标。

❑ **容易衡量**。指标制定时，我们需要考虑其获取成本，包括人力成本和时间成本。比如对于软件开发人员工作强度的衡量，我们可以直接使用在 GitHub 上的代码提交次数、代码量及代码提交时间分布进行综合衡量。这些数据都可以直接通过系统进行记录，方便分析。但是，如果想了解开发人员具体的工作时间，比如精确到何时开始编写代码、何时结束，那就需要提供开发人员手工记录的数据。这样既耽误开发人员工作，且统计出来的数据准确性堪忧，那么这个指标的性价比就非常低了。兼顾实用性和可行性是确定指标时需要考虑的一项很重要的标准。

❑ **周期适当**。选择合适的周期，能够适当避免指标不合理的波动或"反应"迟钝。如评价网站的使用情况时，PV（Page View，页面浏览数）、UV（Unique Visitor，独立用户浏览数）都是按日分析，如果以小时计容易产生无用的波动数据，时间长又无法及时反馈用户的使用情况，因此"日"便成了一个相对合理的分析周期。再比如，企业的财务指标通常以月、季、年为分析周期。月度报告在大型企业中通常被称为

"快报",注重时效性;而年报需要通过严格的年度决算才能最终出具,其中包括各类事项的调整,如重大事项调整、关联交易、抵销事项等,通常需要三四个月才能完成。可见,在不同的场景需要使用适当的周期来分析数据。

❑ 尽量客观。非客观的指标容易让决策者做出不合理的评价。比如比赛中,需要裁判打分的项目通常会去掉一个最高分、一个最低分,再求平均值作为选手的最终得分。这就是为了防止某一个裁判的主观判断造成比赛不公平。

在遵循上述原则的情况下,对于组织、企业来说,制定指标体系并非靠一两个人就可完成。那么,企业级指标体系应如何构建?下面总结了 3 种执行方案。

❑ 方案一:顶层设计。管理层总结管理目标、绘制数据蓝图,从蓝图中提炼指标体系。这种方案以管理者为主导。

❑ 方案二:总结提炼。信息化负责人或专业的咨询团队从大型会议材料、管理报表中总结提炼指标体系,如大型央企可以从国资委的考核材料、世界 500 强及各类评级机构的评价标准中进行总结,确定拟定指标体系后由管理层确认。

❑ 方案三:德尔菲法。德尔菲法是具有学术性、科学依据的方案,首先收集、汇总、梳理指标体系,通过专家评估打分后,确定最终的指标体系。

通常情况下,方案一更适用于中小型企业,需要管理者直接主导;方案二更适用于大型企业;方案三则适用于管理相对扁平化的企业。但无论哪种方案,它们都需要管理层的高度参与、总结及后续对指标的深度使用,以更好地契合管理思路,为管理真正提供服务。

2. 指标体系构建方法

指标在企业管理中其实是无处不在的。组织、企业要想正常运行,一定会总结出自己的一套管理体系,而这套管理体系一定离不开指标。但是,通常的问题是,绝大多数企业并不会以专业的方式构建和梳理一套指标体系,仅仅是将指标分析结果通过不同形式展示出来。标准化的指标体系会让企业管理思路更清晰,真正实现数字化转型,大大提升管理效率。

对于大型企业来讲,它们可以借鉴敏捷开发思路梳理指标体系,首先在管理层搭建基础的指标体系框架,比如明确指标的大类、主责部门等,然后以 MVP(最小可用产品)的思路来逐步建设,具体实施时可以根据实际应用场景逐步进行完善。接下来,我们以企业经营管理场景为例来阐述如何构建指标体系。

第一步,构建指标的总体框架。

大型企业经营管理会涉及经营情况、规模变动、研发成果、社会贡献几个方面,如图 8-23 所示。

❑ 经营情况通常是企业最关注的内容,是直观评价企业运营情况的重要标准,对应指标包括营业收支、销售量、净利润等。

❑ 规模变动体现企业发展趋势和发展潜力,对应指标包括资产总额变动、组织架构体系变动、员工人数变动等。

❏ 研发成果是企业的实力体现，对应指标包括取得的专利数量、奖项数量以及企业排名等。

❏ 社会贡献则是企业不可避免地要承担的职责，对应指标包括上缴利税（国企）、节能减排、脱贫攻坚等方面的数据。

图 8-23 所示是以某大型企业为基础抽象出来的指标框架。企业管理者可以根据自身具体情况进行相应调整，在各个维度上用数字的方式总结企业的价值和成果。这些评价企业价值和成果的数据都可以总结为指标。

图 8-23　指标大类

第二步，指标体系梳理。

前面我们提到指标体系的梳理可以通过顶层设计、总结提炼、德尔菲法进行。下面我们选择较容易落地的总结提炼方法来梳理指标体系。这种方法可以从场景模型、业界标准模型等方面入手。

在财务分析领域，**杜邦分析**（DuPont Analysis）是从财务角度评价企业绩效的一种经典方法。其基本思想是将企业净资产收益率逐级分解为多项财务比率，而这些财务比率综合了企业的资产负债、收入成本及利润情况，具有较强的综合性，且采用层层分解的模式，有助于深入分析企业经营业绩的各项影响因素。由于这种分析方法最早由美国杜邦公司使用，故名杜邦分析。接下来，我们就以杜邦分析为例来介绍如何梳理指标体系。

如图 8-24 所示，杜邦分析模型以净资产收益率为抓手，对资产净利率和权益乘数进行分析。

❏ 净资产收益率（Rate Of return on common stockholder' Equity, ROE）又称净资产利润率、股东报酬率，是企业在一定时期内的净利润与平均股东权益的比率。该指标反映了股东权益的收益水平，用以衡量公司运用自有资本获利的能力。净资产收益率越高，说明投资带来的收益越高。

❏ 资产净利率（Return On Asset，ROA）又称资产报酬率、资产收益率，是企业在一定时期内的净利润和资产平均总额的比率。资产净利润率越高，说明企业利用全部资产获利的能力越强。

❏ 权益乘数（Equity Multiplier，EM）是股东权益比率的倒数，即资产总额是股东权益总额的多少倍。它反映了企业财务杠杆的大小。权益乘数越大，说明股东投入的资本在资产中所占的比重越小，财务杠杆越大。

从能力评价体系来看，杜邦分析可以总结为对 3 种能力的衡量，在图 8-24 中通过 3 种不同的颜色进行了标识，具体如下。

❏ 企业盈利能力：主要衡量指标是销售净利率，它是企业在一定时期内净利润与销售收入的比率，体现企业在一定时期内销售收入获取的能力。销售净利率越高，说明企业盈利能力越强。

❏ 企业营运能力：主要衡量指标是总资产周转率，它是企业在一定时期内销售收入与平均资产总额的比，用以体现资产投资规模与销售水平之间的配比情况。总资产周转率越高，说明企业营运能力越强。

❏ 企业偿债能力：主要衡量指标是权益乘数，它表示资产总额是股东权益总额的多少倍，反映了企业财务杠杆的大小。

针对上述 3 种能力，我们还可以继续深入层层展开。这类多层级穿透追溯分析的场景，在系统中通过指标进行体系化的管理，可以提高分析效率。

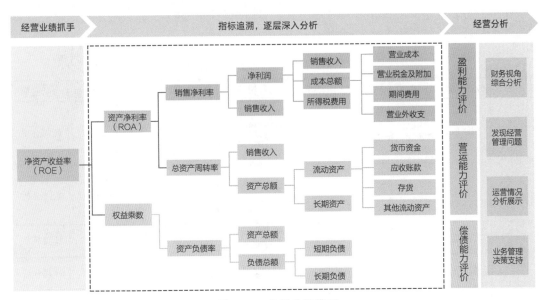

图 8-24　杜邦分析模型

从信息化角度来看，指标可以分为基础指标和复合指标两种。基础指标指可直接取数得来，无须加工的指标；复合指标则是基于基础指标计算出来的指标，也可称为衍生指标。以上述杜邦分析得到的模型为例，我们可以按图 8-25 所示进行划分，浅蓝色代表基础指标，深蓝色代表复合指标。通过公式的方式来建立指标与指标之间的关系，这样可以便捷地查询 ROE 与其关联指标之间的关系，方便追溯分析。

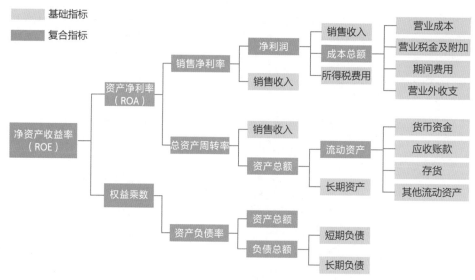

图 8-25　杜邦分析指标类型

确定好指标的体系构成后，下一步就是明确指标的具体信息，如指标名称、时间维度、组织维度、分析度量、数据来源、计算方式、计量单位等。表 8-5 所示的是某企业杜邦分析指标体系。

表 8-5　某企业杜邦分析指标体系示例

指标名称	分析度量	计算方式	时间维度	组织维度	数据来源	计量单位	更新频率	分析主题
净利润	实际值	本年度销售收入实际值－成本总额实际值－所得税费用实际值	年度	集团合并口径二级单位	计算	元	按年	杜邦分析
	目标值	本年度销售收入目标值－成本总额目标值－所得税费用目标值	年度	集团合并口径二级单位	计算	元	按年	杜邦分析
销售收入	实际值	本年度销售收入实际完成值	年度	集团合并口径二级单位	财务报表	元	按年	杜邦分析
	目标值	本年度销售收入目标值	年度	集团合并口径二级单位	考核目标	元	按年	杜邦分析
成本总额	实际值	本年度营业成本实际值＋营业税金及附加实际值＋期间费用实际值－营业外收支实际值	年度	集团合并口径二级单位	计算	元	按年	杜邦分析
	目标值	本年度营业成本目标值＋营业税金及附加目标值＋期间费用目标值－营业外收支目标值	年度	集团合并口径二级单位	计算	元	按年	杜邦分析

（续）

指标名称	分析度量	计算方式	时间维度	组织维度	数据来源	计量单位	更新频率	分析主题
营业成本	实际值	本年度营业成本实际发生额	年度	集团合并口径二级单位	财务报表	元	按年	杜邦分析
	目标值	本年度预计营业成本发生额	年度	集团合并口径二级单位	考核目标	元	按年	杜邦分析
营业税金及附加	实际值	本年度营业税金及附加实际发生额	年度	集团合并口径二级单位	财务报表	元	按年	杜邦分析
	目标值	本年度预计营业税金及附加发生额	年度	集团合并口径二级单位	考核目标	元	按年	杜邦分析
期间费用	实际值	本年度期间费用实际发生额	年度	集团合并口径二级单位	财务报表	元	按年	杜邦分析
	目标值	本年度预计期间费用发生额	年度	集团合并口径二级单位	考核目标	元	按年	杜邦分析
营业外收支	实际值	本年度营业外收支净额（净支出以负数列示）	年度	集团合并口径二级单位	财务报表	元	按年	杜邦分析
	目标值	本年度预计营业外收支净额（净支出以负数列示）	年度	集团合并口径二级单位	考核目标	元	按年	杜邦分析
所得税费用	实际值	本年度所得税费用实际发生额	年度	集团合并口径二级单位	财务报表	元	按年	杜邦分析
	目标值	本年度预计所得税费用发生额	年度	集团合并口径二级单位	考核目标	元	按年	杜邦分析
资产总额	实际值	本年末流动资产实际值+长期资产实际值	年度	集团合并口径二级单位	计算	元	按年	杜邦分析
	目标值	预计本年末流动资产目标值+长期资产目标值	年度	集团合并口径二级单位	计算	元	按年	杜邦分析
流动资产	实际值	本年末货币资金实际值+应收账款实际值+存货实际值+其他流动资产实际值	年度	集团合并口径二级单位	计算	元	按年	杜邦分析
	目标值	本年末货币资金目标值+应收账款目标值+存货目标值+其他流动资产目标值	年度	集团合并口径二级单位	计算	元	按年	杜邦分析
货币资金	实际值	本年末货币资金余额	年度	集团合并口径二级单位	财务报表	元	按年	杜邦分析
	目标值	预计本年末货币资金余额	年度	集团合并口径二级单位	考核目标	元	按年	杜邦分析

（续）

指标名称	分析度量	计算方式	时间维度	组织维度	数据来源	计量单位	更新频率	分析主题
应收账款	实际值	本年末应收账款余额	年度	集团合并口径二级单位	财务报表	元	按年	杜邦分析
	目标值	预计本年末应收账款余额	年度	集团合并口径二级单位	考核目标	元	按年	杜邦分析
存货	实际值	本年末存货余额	年度	集团合并口径二级单位	财务报表	元	按年	杜邦分析
	目标值	预计本年末存货余额	年度	集团合并口径二级单位	考核目标	元	按年	杜邦分析
其他流动资产	实际值	本年末其他流动资产余额	年度	集团合并口径二级单位	财务报表	元	按年	杜邦分析
	目标值	预计本年末其他流动资产余额	年度	集团合并口径二级单位	考核目标	元	按年	杜邦分析
长期资产	实际值	本年末长期资产余额	年度	集团合并口径二级单位	财务报表	元	按年	杜邦分析
	目标值	预计本年末长期资产余额	年度	集团合并口径二级单位	考核目标	元	按年	杜邦分析
负债总额	实际值	本年末短期负债实际值+长期负债实际值	年度	集团合并口径二级单位	计算	元	按年	杜邦分析
	目标值	预计本年末短期负债目标值+长期负债目标值	年度	集团合并口径二级单位	计算	元	按年	杜邦分析
短期负债	实际值	本年末短期负债余额	年度	集团合并口径二级单位	财务报表	元	按年	杜邦分析
	目标值	预计本年末短期负债余额	年度	集团合并口径二级单位	考核目标	元	按年	杜邦分析
长期负债	实际值	本年末长期负债余额	年度	集团合并口径二级单位	财务报表	元	按年	杜邦分析
	目标值	预计本年末长期负债余额	年度	集团合并口径二级单位	考核目标	元	按年	杜邦分析
销售净利率	实际值	本年度净利润实际值/销售收入实际值×100%	年度	集团合并口径二级单位	计算	—	按年	杜邦分析
	目标值	本年度净利润目标值/销售收入目标值×100%	年度	集团合并口径二级单位	计算	—	按年	杜邦分析
总资产周转率	实际值	本年度销售收入实际值/资产总额实际值均值	年度	集团合并口径二级单位	计算	次	按年	杜邦分析
	目标值	本年度销售收入目标值/资产总额目标值均值	年度	集团合并口径二级单位	计算	次	按年	杜邦分析

（续）

指标名称	分析度量	计算方式	时间维度	组织维度	数据来源	计量单位	更新频率	分析主题
资产负债率	实际值	本年末负债总额实际值均值/资产总额实际值均值×100%	年度	集团合并口径二级单位	计算	—	按年	杜邦分析
	目标值	本年末负债总额目标值均值/资产总额目标值均值×100%	年度	集团合并口径二级单位	计算	—	按年	杜邦分析
资产净利率	实际值	本年度销售净利率实际值×总资产周转率实际值×100%	年度	集团合并口径二级单位	计算	—	按年	杜邦分析
	目标值	本年度销售净利率目标值×总资产周转率目标值×100%	年度	集团合并口径二级单位	计算	—	按年	杜邦分析
权益乘数	实际值	1-（1-本年末资产负债率实际值）	年度	集团合并口径二级单位	计算	倍	按年	杜邦分析
	目标值	1-（1-本年末资产负债率目标值）	年度	集团合并口径二级单位	计算	倍	按年	杜邦分析
净资产收益率	实际值	本年末资产净利率实际值×权益乘数实际值×100%	年度	集团合并口径二级单位	计算	—	按年	杜邦分析
	目标值	本年末资产净利率目标值×权益乘数目标值×100%	年度	集团合并口径二级单位	计算	—	按年	杜邦分析

本案例仅以杜邦分析用到的指标进行展示。实际企业应用中，指标分析是多维的，主要指标在各类场景中均需要复用。综合多种场景会存在更多的度量形式，如表 8-6 所示。这就对企业梳理指标的规范性提出了更高的要求，需要逐步建设。

第三步，指标体系系统落地及应用。

将指标信息录入或导入系统后，通过指标公式建立各指标与原始数据，以及其他各指标的关联关系，形成图 8-26a 所示的指标图谱。需要分析与追溯数据时，我们可以通过点击对应的指标，选择相应的条件查找指标数据，并通过类似图 8-26b 的形式进行层层穿透，探究数据变化的原因。

例如上述案例中，我们发现净资产收益率指标较目标值偏低，展开即可追溯是资产净利率或权益乘数数据情况，还可进一步展开查看对应收入、资产、负债数据，分析其影响因素。

指标分析是企业经营管理的重要环节。只有建立良好的指标体系，后续的场景建设、查找数据、自助分析、智能搜索才会事半功倍。

表 8-6　某企业指标体系示例

指标类型	指标名称	分析度量	计算方式	时间维度	组织维度	数据来源	计量单位	更新频率	分析主题
经营情况	营业收入	实际值	……	月度年度	集团合并口径一级单位	财务决算报表月度快报	亿元	按月	领导驾驶舱经营运行情况分析
		同比增减额	……	月度年度	集团合并口径一级单位	计算	亿元	按月	领导驾驶舱经营运行情况分析
		同比增减幅	……	月度年度	集团合并口径一级单位	计算	—	按月	领导驾驶舱经营运行情况分析
		目标值	……	年度	集团合并口径一级单位	考核目标	亿元	按年	领导驾驶舱经营运行情况分析
		完成进度	……	月度年度	集团合并口径一级单位	计算	—	按月	领导驾驶舱经营运行情况分析
	利润总额	实际值	……	月度年度	集团合并口径二级单位	财务决算报表月度快报	亿元	按月	领导驾驶舱经营运行情况分析
		同比增减额	……	月度年度	集团合并口径二级单位	计算	亿元	按月	领导驾驶舱经营运行情况分析
		同比增减幅	……	月度年度	集团合并口径二级单位	计算	—	按月	领导驾驶舱经营运行情况分析
		目标值	……	年度	集团合并口径二级单位	考核目标	亿元	按年	领导驾驶舱经营运行情况分析
		完成进度	……	月度年度	集团合并口径二级单位	计算	—	按月	领导驾驶舱经营运行情况分析
	……	……	……	……	……	……	……	……	……
规模变动	资产总额	期末值	……	月度年度	集团合并口径二级单位	财务决算报表月度快报	亿元	按月	领导驾驶舱规模变动情况分析
		年初值	……	年度	集团合并口径二级单位	财务决算报表	亿元	按年	规模变动情况展示
		较年初增减额	……	月度年度	集团合并口径二级单位	计算	亿元	按月	规模变动情况分析
	单位数量	期末值	……	月度年度	集团合并口径二级单位	组织主数据	亿元	按月	规模变动情况分析
		年初值	……	年度	集团合并口径二级单位	组织主数据	亿元	按年	规模变动情况分析
		较年初增减数	……	月度年度	集团合并口径二级单位	计算	亿元	按月	规模变动情况分析
	……	……	……	……	……	……	……	……	……
研发成果	专利数量	年累计数量	……	年度	集团合并口径	研发成果	个	按年	研发成果展示
	奖项数量	年累计数量	……	年度	集团合并口径	研发成果	个	按年	研发成果展示
	……	……	……	……	……	……	……	……	……
社会贡献	上缴利税	实际值	……	月度年度	集团合并口径	财务决算报表月度快报	亿元	按月	社会贡献情况
		同比增减额	……	月度年度	集团合并口径	计算	亿元	按月	社会贡献情况
		目标值	……	年度	集团合并口径	考核目标	亿元	按年	社会贡献情况
		较目标值增减	……	月度年度	集团合并口径	计算	—	按月	社会贡献情况
	……	……	……	……	……	……	……	……	……

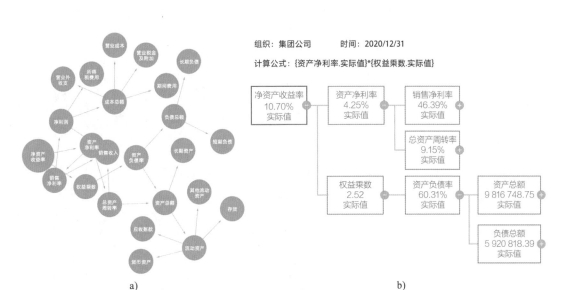

组织：集团公司　　　时间：2020/12/31

计算公式：{资产净利率.实际值}*{权益乘数.实际值}

图 8-26　指标关系管理

8.3.3　主题场景模型搭建

企业的经营管理主题分析一般包括财务管理分析、营销管理分析、生产管理分析、供应链管理分析、人资管理分析等。图 8-27 列举了相对通用的大型集团企业经营管理过程中重点关注的主题分析。主题分析因企业性质不同而略有差异，如重资产企业，类似能源行业、房地产对基建项目管理和物资管理都会非常重视。

图 8-27　企业经营管理主题分析

我们接着上述场景，聚焦到财务分析领域来看一下如何通过指标来建立具体的场景分析。还是以杜邦分析为例，我们可对主要指标数据进行展示，对 ROE 的趋势进行分析，进一步对企业的盈利能力、营运能力、偿债能力进行图形化展示，如图 8-28 所示。

在对集团公司 ROE 进行分析的基础上，企业同样关心各单位的对标情况。杜邦分析可利用工具，进一步穿透来查看各单位 ROE 的构成情况，同时支持增加其构成指标（如资产净利率、权益乘数）进行对比展示，如图 8-29 所示。

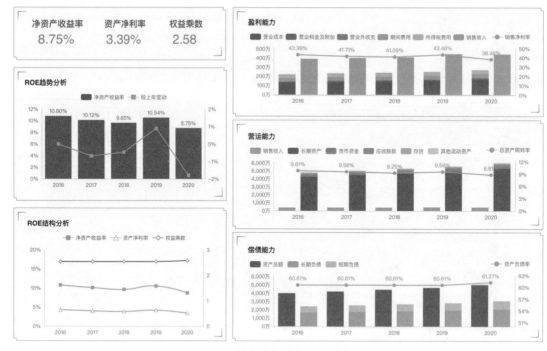

图 8-28 杜邦分析指标可视化展示

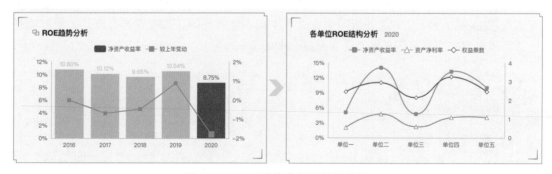

图 8-29 ROE 趋势分析及结构分析

综上所述，体系化的指标管理助力企业有条理、有方法地管理关键数据，为分析展示和数据问题探索及追溯提供可靠的基础。而固化下来的主题分析则更便于集团管理层快速掌握日常所需数据，避免重复提取数据分析带来不必要的时间浪费。

8.3.4 管理分析平台的应用

对于最终的数据使用者来说，平台除了通过门户、主题场景的推送来真正发挥企业数据效能，还需要提供自主探索功能，这包括自助式探索分析及智能搜索应用。

1. 自助探索式分析

主题场景模型是针对相对固化的场景进行展示的，就好比"大餐"，需要经过大厨的精心烹饪，但日常生活中我们希望自己动手，根据自己的口味制作，在数据分析中这就是自助分析。

企业管理日新月异，管理水平也在不断提升，这个过程中很容易出现主题场景模型无法满足需求的情况，例如某企业对某重大事件要出具一份全面的临时报告等。

自助探索式分析需要具备以下前提条件，否则容易沦为纸上谈兵。

- ❑ **数据规范性的建立**：正如之前章节所述，数据是分析的基础，因此建立有效的数据模型及指标体系，确保数据准确、规范、可用，是分析者自行探索分析的前提条件。
- ❑ **数据共享机制的建立**：对于集团企业而言，数据的安全共享是关键。如果不能让数据使用者方便地获取其权限范围内的数据，那推动全员主动探索将是一件艰难的事情。
- ❑ **自助可视化工具的使用**：选择合适的工具是提高数据分析效率的关键。具体的自助分析工具需要具备的要素在 7.3 节、7.4 节已经做了较详细的阐述。

例如上述案例中，集团企业已经建立了杜邦分析的指标体系以及对应的主题分析，但因分析口径有变化，原来按产品口径分析的方式需要按项目口径分析，主题分析场景可能无法快速、全面地展示，这时候自助分析只需更换维度信息，就可达到分析目标。

2. 智能搜索应用

对于企业经营管理者来说，他们每天都在做各种各样的决策。在做决策的过程中，将"问助手"模式转换为"问系统"模式，决策者可以随时随地掌控数据，并得出客观的结论，降低人为因素而出错的风险。

7.6 节介绍了智能搜索及推荐的方法。接续上述杜邦分析案例，对于设定好的指标，我们可以直接通过搜索查找数据、主题场景等，获得希望得到的内容，如图 8-30 所示。

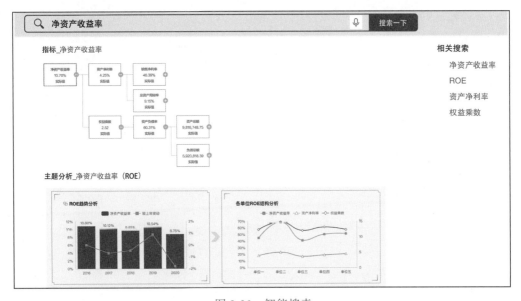

图 8-30　智能搜索

对于集团企业分析系统来说，其虽没有电商天然的海量数据，但同样可以通过用户行为数据的积累，结合学习算法，让搜索结果越来越准确。

8.4 本章小结

智能数据分析平台的应用非常广泛，由于篇幅有限，本章选取了 3 个常用并较典型的案例进行介绍。希望通过本书理论结合实践的介绍，能为读者建设数据分析平台、挖掘数据价值提供或多或少的帮助。